孩子最感兴趣的十万个为什么
（美绘版）

唐译 ◎ 编著

揭秘自然界的植物世界
Jiemi Ziranjie De Zhiwu Shijie

企业管理出版社
ENTERPRISE MANAGEMENT PUBLISHING HOUSE

图书在版编目（CIP）数据

揭秘自然界的植物世界 ／ 唐译编著． -- 北京：企业管理出版社，2014.7
ISBN 978-7-5164-0885-8

Ⅰ．①揭… Ⅱ．①唐… Ⅲ．①植物-少年读物 Ⅳ．①Q94-49

中国版本图书馆CIP数据核字(2014)第127661号

揭秘自然界的植物世界

唐　译◎编著

选题策划：	井　旭
责任编辑：	谢晓绚
书　　号：	ISBN 978-7-5164-0885-8
出版发行：	企业管理出版社
地　　址：	北京市海淀区紫竹院南路17号　邮编：100048
网　　址：	http://www.emph.cn
电　　话：	总编室 (010) 68701719　发行部 (010) 68414644
	编辑室 (010) 68701074　　　　　 (010) 68701891
电子信箱：	emph003@sina.cn
印　　刷：	北京市通州富达印刷厂
经　　销：	新华书店
规　　格：	170毫米×240毫米　16开　11印张　120千字
版　　次：	2015年1月第1版　2015年1月第1次印刷
定　　价：	25.00元

版权所有　翻印必究·印装有误　负责调换

探索植物王国的奥秘

　　自然界千变万化，吸引着每一个好奇、爱问的少年儿童。地球上的植物，从热带到寒带，从岛屿到高山，从海洋到沙漠，处处都能看到它们的踪迹。在这浩瀚深邃的绿色世界里，蕴藏着许多值得人探索的奥秘。尤其是对植物世界充满好奇的少年儿童，他们渴望了解和探寻其中的奥秘：植物为什么保护自己的方式各有不同呢？太空中能生长植物吗？为什么有的植物也是杀人魔鬼？植物外形轮廓和空间排列有一定的数学规律吗？为什么大部分树干都是圆柱形的？为什么王莲的叶子承重力非常强……

　　为了解开这些千奇百怪的疑问，我们精心编写了孩子最感兴趣的《十万个为什么》系列丛书，本书为孩子们引出了一个个的植物科普知识，并对其做了科学解释，以通俗易懂的语言描绘出了不同植物的生长环境及生长特点，为孩子们展现出一个绮丽、真实的植物世界。

　　向日葵花盘上的瘦果排列，松树球果上的果鳞分布，都是按照对数螺旋形的弧形排列的，这样可以使果实排列得最紧密，容纳的数量最多，从而保证了后代的繁殖率最高。植物界的树干大都是圆柱形的，而且基部粗、上部细，尤其是高山上的云杉，整个树形都是圆锥形，而这正是植物中最理想的抗倒伏几何形状，可以抵御狂风暴雨的袭击。王莲那既大又圆的叶片，其直径一般在两米以上，像个硕大无比的圆盘稳稳地浮在水面上，王莲的叶子背面有非常坚韧的叶脉构成的骨架支撑，骨架间横隔相连，每个横隔里都有一个小气室，这些小气室使王莲可以稳稳地坐在水面上。椰树、油棕等植物叶片呈"之"字折扇状的结构，这种结构具有较大的张力，可以承受外界给予的较大压力，所以不易被狂风暴雨撕裂和折断，工程师们受到这种叶片结构的启迪，设计制造出了波形板、瓦楞纸板等新颖坚固的建筑材料……

　　植物的特殊形态对人类发展具有非常深远的影响。衷心祝愿孩子们在这次有趣的植物世界之旅中，能够真正地获得最丰富、最有价值的植物知识！

目录

揭秘自然界的 植物世界

1. 植物离开了土壤还能生存吗 2
2. 植物也会像人那样睡觉吗 3
3. 植物像人一样有血型之分吗 4
4. 植物的叶背及叶片为何深浅不一 5
5. 植物的种子都长在果实里吗 6
6. 银杏为什么又叫公孙树 7
7. 太空中能种植植物吗 8
8. 为什么有的植物会发光 9

9. 为什么红树被称作"胎生植物" 10

10. 自然界有没有食肉植物呢 11

11. 为什么有些植物被叫做"绞杀植物" 12

12. 为什么有些植物被称为"活化石" 13

13. 慈姑为什么有两种迥然不同的叶子 14

14. 为什么说凤眼莲是"生态杀手" 15

15. 植物真的会"发声"吗 16

16. 为什么藕切开后会变黑 17

17. 为什么植物离不开根 18

18. 植物能检测地震吗 19

19. 植物也有感情吗 20

20. 为什么有的植物能连生在一起 21

21. 为什么有些植物先开花后长叶 22

22. 爬山虎为什么能爬得很高 23

23. 薰衣草为什么会把衣服熏得特别香 24

24. 为什么箭毒木又叫"见血封喉" 25

25. 爬藤植物为什么可以爬藤 26

26. 为什么植物的叶子形状、大小不一 27

27. 薄荷为什么很清凉 28

28. 蒲公英为什么会飞 29

29. 白鹭花的名称来源是什么 30

30. 为什么宫灯百合又称"圣诞钟" 31

31. 为什么五倍子并不是盐肤木的果实 32

32. 为什么泰国禁止出口鹦鹉花 33
33. 为什么看年轮可以知晓树木的年龄 34
34. 树干为什么是圆柱形的 35
35. 合欢树为什么会引蝶 36
36. 荷叶为什么会"吐水" 37
37. 奠柏树是如何捕猎的 38
38. 为什么移栽树木需要剪去部分枝条 39
39. 为什么森林被称为"地球之肺" 40
40. 为什么黄山松如此奇特 41
41. 铁树很难开花吗 42
42. 为什么油棕被称为"世界油王" 43
43. 含羞草为什么会"含羞" 44
44. 为什么柏树和松树可以四季常青 45
45. 为什么榕树可以独树成林 46
46. 森林里的树为何比别处的树更高、更直 47
47. 椰子树为什么总把脑袋歪向海边生长 48
48. 麒麟血藤真的会流血吗 49
49. 龙血树为何叫"不才树" 50
50. 血藤的植物特征有哪些 51

51. 松树为什么会"流泪" 52
52. 王莲花为何被称为"善变的女神" 53
53. 王莲为何被称为睡莲中的"大力士" 54
54. 为什么树木上的名称牌用拉丁文标注 55
55. 猪笼草的形态特征是怎样的 56
56. 眼镜蛇瓶子草是如何捕食的 57
57. 仙人掌为何浑身长满刺 58
58. 仙人掌为何被称为"空气净化剂" 59
59. 捕蝇草是如何捕猎的 60
60. 为什么说小草的生命力最强 61
61. 跳舞草为什么要跳舞 62
62. 还魂草真的可以还魂吗 63
63. 为什么树叶在秋天就会变成黄色或红色的 64
64. 木棉为什么被叫做"英雄树" 65
65. 为什么冬季要把树干刷成白色 66
66. 为什么树很怕被剥皮 67
67. 菟丝子为什么被称作"寄生虫" 68
68. 为什么有的叶片上有毛，有的没有毛 69
69. 你听说过"气象树"吗 70
70. 蕈类植物为什么不长根 71
71. 如何鉴别毒蘑菇 72

72. 雨后蘑菇为什么长得特别快 73

73. 面包真的会长在树上吗 74

74. 猴面包树为何被称为"生命之树" 75

75. 为什么靠近路灯的树落叶晚 76

76. 为什么竹子长得很快 77

77. 为什么叫它"关门草" 78

78. 为什么绿毛乌龟身上会长毛 79

79. "毛毛虫"是杨树的花吗 80

80. 马蹄莲为什么不能放在卧室 81

81. 无花果真的没有花吗 82

82. 为什么百岁兰"永不落叶" 83

83. 纺锤树为什么要贮藏水分 84

84. 茯苓是植物的块根吗 85

85. 灵芝是仙草吗 86

86. 黄连为什么特别苦 87

87. 甘草为什么是甜的 88

88. 洋地黄与地黄一样吗 89

89. 天麻为什么既没有根也没有叶 90

90. 你知道"苍耳"吗 91

91. 菖蒲和艾叶为什么可以杀菌 92

92. 洋金花为什么可以麻醉 93
93. 为什么雪莲不怕严寒 94
94. 为什么腊梅在冬天绽放 95
95. 如何寻找猪苓 96
96. 为什么黄瓜会变苦 97
97. 为什么马铃薯是茎而白薯是根 98
98. 发芽的马铃薯为什么不能吃 99
99. 为什么梅子特别酸 100
100. 菠萝为什么要用盐水泡一下才能吃 101
101. 怎样鉴别西瓜的生熟 102
102. 为什么甘蔗下部比上部甜 103
103. 为什么将果树矮化可以增加产量 104
104. 为什么切开的苹果一会儿就变黑 105
105. 为什么不要扔掉橘子皮 106
106. 为什么霜降后的青菜会比较甜 107
107. 杧果为什么被称作"热带果王" 108
108. 草莓外面的小黑点是什么 109
109. 为什么藕断丝连 110
110. 晒干的洋葱为什么还能发芽 111
111. 茭白会开花吗 112
112. 胡萝卜为什么富含营养 113
113. 为什么称菠菜为"菜中之王" 114
114. 为什么雨后春笋长得特别快 115
115. 为什么山楂营养很丰富 116

116. 海带是植物的叶子吗 ... 117
117. 为什么一些南瓜蔓上只开雄花 ... 118
118. 为什么香蕉不可以在冰箱中存放 ... 119
119. 为什么柿子有的甜有的涩 ... 120
120. 向日葵为什么有很多种子 ... 121
121. 春天的萝卜为什么会糠 ... 122
122. 巧克力是由什么植物制成的 ... 123
123. 为什么不要生吃杏仁 ... 124
124. 为什么葡萄会爬架子 ... 125
125. 为什么西红柿被称为"金苹果" ... 126
126. 为什么荔枝是"果中之王" ... 127
127. 为什么哈密瓜特别甜 ... 128
128. 为什么公园里的碧桃只开花不结桃 ... 129
129. 猕猴桃营养成分知多少 ... 130
130. 果实成熟后为什么会从树上掉下来 ... 131
131. 神秘果实为什么能改变味觉呢 ... 132
132. 为什么珙桐又叫鸽子树 ... 133
133. 桑树为什么不见开花就结果实 ... 134
134. 为什么香菜会有香味 ... 135
135. 水稻浸在水里为何不会烂 ... 136
136. 秧苗移栽为何有先落黄后反青的过程 ... 137
137. 油菜开花时为什么要放蜂 ... 138
138. 蓖麻籽能吃吗 ... 139
139. 大豆为什么被称为"豆中之王" ... 140
140. 棉花是花吗 ... 141
141. 橄榄油是用橄榄榨出来的吗 ... 142
142. 为什么果树有"大小年" ... 143

7

143. 为什么大蒜能抑菌 144

144. 黄花菜是花还是菜 145

145. 为什么龙眼又叫桂圆 146

146. 为什么佛手瓜的瓜不能和种子分开 147

147. 为什么花生地上开花却地下结果 148

148. 油瓜为什么在晚上开花 149

149. 漆树里的漆是从哪里流出来的 150

150. 皂荚树的荚果为什么可以洗衣 151

151. 剑麻的花梗上为什么会长许多小植物 152

152. 为什么唐菖蒲是"监测环境的小哨兵" 153

153. 水仙为什么只喝水就能开花 154

154. 为什么龙舌兰受蝙蝠的喜爱 155

155. 夹竹桃为什么给肉蝇设陷阱 156

156. 为什么桂叶黄梅被称为"米老鼠树" 157

157. 什么植物的花像龙虾 158

158. 为什么文竹又被称为"山草" 159

159. 圣诞花的"花"究竟是哪部分 160

160. 三色堇为什么能够预报气温 161

161. 紫茉莉为什么又被称为"懒老婆" 162

162. 日本珊瑚树为什么可以做防火树 163

163. 日本珊瑚树的形态特征有哪些 164

揭秘
自然界的

植物世界

孩子最感兴趣的十万个为什么

植物离开了土壤还能生存吗

　　假如自然界没有土的话，植物是不是就不能存活了呢？当然不是。大家都知道，植物的生存主要靠水分和矿物质，根部还需要得到其他的营养物支撑。但是，植物的生存并不一定非要依赖土壤。早在1929年，美国有一名教授就用营养液培育出了一株约7米高的西红柿，并且收获了14千克的果实。此后，无土栽培技术开始在世界范围内广泛应用。这种技术就是让农作物直接生长在水中，让植物的根从水中吸收液体矿物质。目前，最常见的无土栽培法有营养液培育法、培养基培育法、沙土培育法等。近些年来，我国已经广泛采用无土栽培技术，并成功培育出了多种蔬菜和水果。

小博士趣闻

无土栽培技术的优点

　　无土栽培技术的优点很多，它可以使一个地方摆脱缺少土地的困扰，使一些植物在海岛、沙漠等土壤稀少的地方生存，还可以避免土壤病虫的侵害，快速产出绿色的蔬菜和水果。

揭秘自然界的植物世界

植物也会像人那样睡觉吗

　　植物其实和我们人类一样，也需要睡大觉。大家熟知的睡莲可谓植物中的大美女，连睡姿都憨美动人。人类睡觉是为了休息、保持体能，对于植物来说，睡眠是为了保护自己，使自己能更好地适应外界的生存环境。睡莲在夜间闭合花瓣，可避免花蕊在低温的夜晚被冻伤。还有调皮的三叶草一到夜晚，就会把叶片闭合起来，垂头酣睡，以此减少热量的散失和水分的蒸发，从而更好地保存植物的能量。

小博士趣闻

在白天睡觉的晚香玉

　　与睡莲不同的是，晚香玉的花则在白天睡大觉，在晚上静静地绽放。当你进入梦乡时，晚香玉就会从梦中醒来，抖擞精神，展露美丽，并且还会散发出沁人心脾的香气，引来飞蛾为自己传粉。

孩子最感兴趣的十万个为什么

小博士趣闻

植物的血

植物的血仅是形态上似血的一种红色液体，它富含鞣制、树胶和糖一类的物质，不具备人类和动物血液中所具有的运输养分、携带氧气等复杂的生理功能。

植物像人一样有血型之分吗

说起血型，似乎大家都认为只有人才有血型之分。其实植物也有血型之分。据日本一位植物学家经过长期研究发现，大概有10%的植物有血型，尽管植物体内没有血液，但植物内部却流通着与人体血液作用相当的液体。经过对数种果蔬进行测定发现，苹果、西瓜、南瓜、海带、草莓、萝卜等植物的"血液"属于O型；咖啡、荞麦、李子等属于AB型；罗汉松等植物属于B型，至于A型血的植物迄今为止还没有发现。当然还有一些植物查不出血型。区别植物的血型有利于植物的分类，还可以保护植物，分析植物并找到储存其能量的方法。

揭秘自然界的植物世界

植物的叶背及叶片为何深浅不一

不经意间看看枝头的植物叶片，就会发现叶片的正面多呈浓绿色，还有亮光。而叶背颜色较淡，无光，也不光滑。为什么同片叶子的正面和背面会深浅不一呢？这是因为，植物的叶子中都含有一种物质叫叶绿素，叶绿素本身有绿色，并且植物要靠叶绿素进行光合作用来制造养分，而叶子的正面由于对着阳光，会生成更多的叶绿素，所以颜色就会更浓一些，亮一些，而背光的页面由于叶绿素较少，颜色自然就会淡些，暗些。

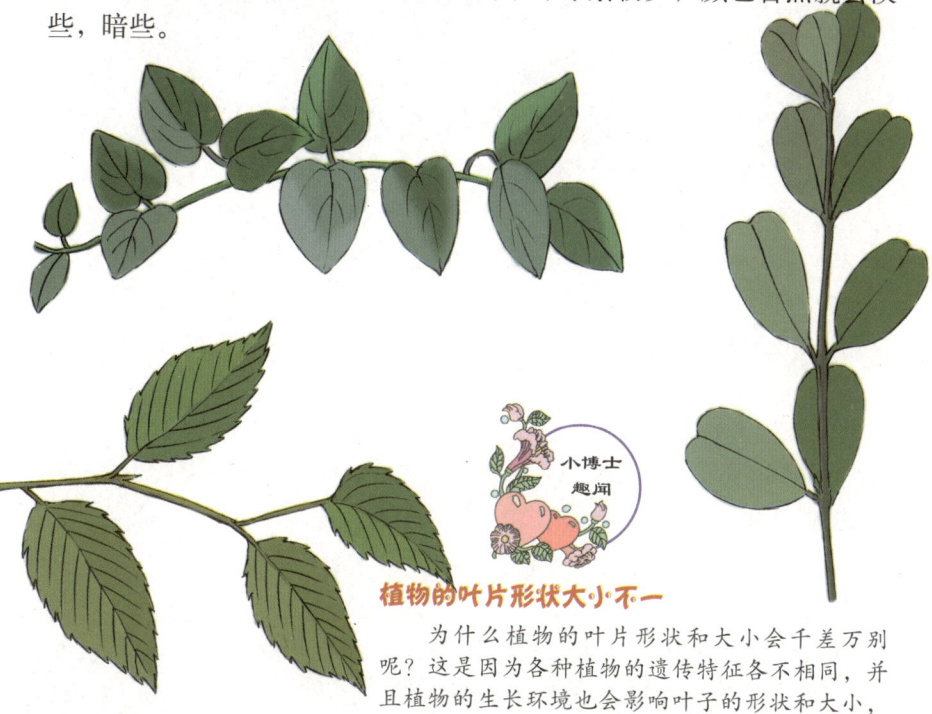

植物的叶片形状大小不一

为什么植物的叶片形状和大小会千差万别呢？这是因为各种植物的遗传特征各不相同，并且植物的生长环境也会影响叶子的形状和大小，通常情况下，干燥寒冷地区的植物叶片比较小，炎热湿润地区的植物叶子比较宽大。

植物的种子都长在果实里吗

我们平常吃水果时，总会发现它们的果实里都藏着小小的种子。那么，是不是所有的植物种子都生长在果实里呢？当然不是，事实上只有一部分的植物种子是这样，这些植物又被称为被子植物。那么还有另一部分植物的种子是怎样的呢？在植物王国里，有两类植物可以形成种子，一类就是我们常见的被子植物，它的种子就在果实里面；还有一类植物叫做裸子植物，这类植物比较古老，没有果实，只有种子，并且它的种子都是裸露在外面的。比如，银杏树上挂着的白果，其实就是银杏树的种子。

银杏树的果实——白果

白果不仅是上好的食用品，还具有极佳的保健功能。银杏叶可提取黄酮素，能制成各种保健食品。但是，白果不宜多食。

揭秘自然界的植物世界

银杏为什么又叫公孙树

　　银杏又称"公孙树",也就是说,银杏树生长缓慢,但寿命却很长。好比"公公种树,孙子得果"。所以银杏又叫"公孙树"。它是世界上十分珍贵的树种之一,是古代银杏类植物在地球上存活的唯一品种,因此植物学家们把它看做是植物界的"活化石"。并与雪松、南洋杉、金钱松一起,被称为"世界四大园林树木"。我国园艺学家也常常把银杏与牡丹、兰花相提并论,誉其为"园林三宝",并把它尊崇为国树。

孩子最感兴趣的十万个为什么

太空中能种植植物吗

太空中能种植植物吗？早在几十年前，科学家们就有了"太空农场"的梦想。他们在太空的"旅行仓"中种植了松树、绿豆和燕麦。起初这些植物生长得很好，只可惜仅过了几个星期后，这些植物的根、茎、叶就变得非常古怪，向四周胡乱生长，最后都枯萎死去。科学家发现，因为太空失重的环境，植物根、茎、叶找不到正确的生长方向。于是，科学家继续研究探索，终于用电刺激法克服了太空失重这一问题，并在宇宙飞船中成功培育出了小麦、西红柿以及郁金香。

太空植物

太空飞船每一个半小时就可以绕太阳一圈，一天会有16次日出，所以光合作用就显得非常充分，太空植物的叶子就会变得厚而短，并且颜色更绿，植物的生长周期自然加快。小麦从播种到收获只需3个月，太空椒甚至能重达500克，并且这样生长的水果维生素含量很高，糖分也很多。

小博士趣闻

8

揭秘自然界的植物世界

为什么有的植物会发光

夏夜，萤火虫会幽幽闪光与星星呼应，这是大家都熟知的昆虫发光现象。那么植物也会发光，你信吗？在我国江西省中部地区，生长着一种会发光的树，这种树被人们称为"灯笼树"或"夜光树"。"灯笼树"是一种常绿阔叶树，四季常青。"灯笼树"之所以会发光，是因为它们吸收土壤中磷质的本领超强，再加上树叶里面含有大量的磷质，能释放出磷化氢气体，而且燃点极低，一遇到空气中的氧，就能发出淡蓝色的低温冷光。在晴朗无风的夜晚，"灯笼树"的亮光更加清晰。

植物发光的缘由

在一些植物体内会存在一种很特别的发光物质，即荧光素和荧光酶，植物在生长过程中要进行生物氧化，荧光素在酶的作用下就能够氧化，同时释放出能量，这种能量以光的形式展现出来。就是我们看到的生物冷光。

9

孩子最感兴趣的十万个为什么

生长在海滩上的红树

红树可以稳稳地生长在海滩上，是因为它有很多突出的气根，这些气根可以牢牢地将植株固定在海滩的淤泥中，同时不耽误呼吸新鲜空气。

小博士趣闻

为什么红树被称作"胎生植物"

如果说某种动物是胎生的，大家绝不会感到奇怪，但如果说某种植物是胎生的，就会让人觉得有些不可思议了。的确，胎生原本是指哺乳动物的生殖方式，但是科学家发现，自然界的胎生植物照样存在，红树就是最典型的胎生植物。通常情况下，植物的种子成熟后就会脱离果实，经过一段时间的休眠，在适宜的温度、水分和空气下萌芽生长。但是红树的种子长成后并没有脱离果实，而是在果实中发芽，直接吸取母树中的养分，直至长成一棵幼苗才离开母树，然后落到泥土中扎根继续生长。所以红树被人们称为胎生植物。

揭秘自然界的植物世界

世界上有食肉植物你信吗？这多少让人觉得不可思议，毕竟植物给人的感觉总是那样美好，怎么会想到它们美丽的外表下竟然暗藏杀机！其实，世界上真的存在食肉植物，已知的食肉植物大约有400多种，这些食肉植物能够借助自身特殊的结构捕捉昆虫或其他小动物，来吸取养分。食肉植物大多为多年生草本类植物，它们若有花，则多呈两侧对称型，一般生长在水分较丰富，但土壤呈酸性、缺乏氮素的环境中。食肉植物的诱捕工具多为叶的变态，它们在捕食时会在体内产生一种粘性液体将猎物紧紧黏住，然后再用像瓶子一样的叶子诱惑猎物进入，最后封口杀死猎物。

自然界有没有食肉植物呢

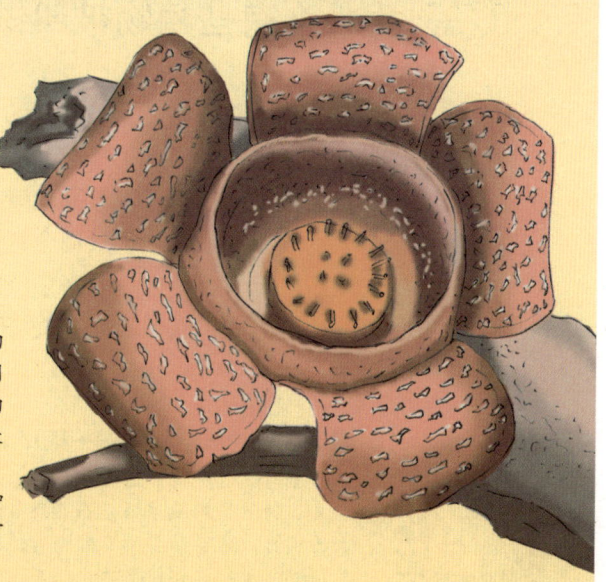

小博士趣闻

大王花真的会吃人吗

大王花是一种标准的寄生植物，生长在印尼苏门答腊的热带丛林里，每年的5~10月是大王花的主要生长季节。大王花的直径很大，加上花体本身会散发出一种腐烂的尸臭味，所以才会有"食人花"这个名字。

11

为什么有些植物被叫做"绞杀植物"

如果你认为植物都是温顺的、默默无语的,那就大错特错了。其实植物世界和动物世界一样,也充满了争夺和绞杀。有些植物从自己出世时就会厚脸皮地寄住在别的植物体上,靠吮吸寄主的养分得以存活,但是它们往往在长大后还不知道感恩,反而会极其凶残地加倍掠夺,直至将寄主置于死地。这种专事掠夺、扼杀寄主的植物,被称为"恶魔"绞杀植物。薇甘菊就是一种危害性极强的绞杀植物。

名副其实的绞杀植物——薇甘菊

薇甘菊的繁殖能力极强,生长速度极快。不仅能产生大量既轻又小的种子随风传播,而且每节都能生根,每个节都可以长出新的植株,薇甘菊会攀缘缠绕其他乔灌木植物,并且重重地压在其顶部,阻碍这些植物的生长甚至将其致死。薇甘菊被认为是世界上危害性最强的热带杂草。

● 揭秘自然界的植物世界

为什么有些植物被称为"活化石"

在3000万年前的冰川时期，由于地球的温度突然大幅度降低，不计其数的裸子植物不能适应这种气候的变化而逐渐死亡、灭绝。一些植物经过地壳运动被埋在地下，时间久了就成为了化石。在我国，由于山脉多成东西走向，这样就阻挡了冰川南下，许多冰川时期的裸子植物被保存下来并侥幸存活。于是这些活下来的裸子植物就被称为"活化石"。它们对人类研究地球演变有着十分重大的参考价值。我国珍贵的"活化石"植物有银杏、水杉、银杉等。

水杉

小博士趣闻

水杉有植物王国"活化石"之称。从化石中可以发现，水杉在中生代白垩纪及新生代曾广泛分布于北半球，但在第四纪冰期以后，同属于水杉属的其他种类已经全部灭绝。由于中国川、鄂、湘边境地带因地形走向复杂，受冰川影响小，水杉得以幸存于此，成为旷世的珍奇树种。

孩子最感兴趣的十万个为什么

小博士趣闻

慈姑属淡水植物

慈姑属于多年生草本，生长于浅湖、池塘和溪流。它的叶子似箭头，有肉质球茎，可以食用。花有3枚。

慈姑为什么有两种迥然不同的叶子

一般来说，植物的叶子由小变大，颜色会由浅变深，但是慈姑这种植物的叶子却有两种迥然不同的形态。它在刚长出叶子时，叶子是条形的，被掩在水下，当慈姑长大以后，就会长出像箭一样形状的叶子，并且还会高高地伸到水面上来。这是为什么呢？原来慈姑一般生活在浅水中，刚萌发出来的条形叶子被掩在水中，看似渺小却能够减少水的阻力，使水流不会轻易将小小的慈姑苗冲走，当慈姑长大后，便会慢慢适应周围的环境，为了获得充足阳光的照射，以便生长得结实健壮，它就会长出又大又高的箭形叶子。

揭秘自然界的植物世界

为什么说凤眼莲是"生态杀手"

凤眼莲也称水浮莲,又因其根与叶之间有一个像葫芦状的大气泡,因此又称"水葫芦"。它的茎叶悬垂于水上,蘖枝匍匐于水面。花为多棱喇叭状,叶色翠绿偏深,光滑有质感。它的繁殖能力特别强。凤眼莲对其生活的水面采取了野蛮的封锁策略,挡住阳光,导致水下植物得不到足够的光照而死亡,从而破坏了水下动物的食物链,导致水生生物死亡。同时,任何大小船只也别想在凤眼莲的领地里来去自由。不仅如此,凤眼莲还具有集重金属的能力,凤眼莲死后的腐烂体沉入水底,形成重金属高含量层,直接杀伤底栖生物。可称为"三位一体式"的灭绝战术!

凤眼莲——自由漂浮的"水葫芦"

"水葫芦"植株浮于水面,须根发达,浅水时根系伸入土中。株高10~30厘米,在富含养分的深水中密集放养,高可达60厘米以上。叶簇生成莲座状,宽卵形或圆形。叶柄中下部膨大似葫芦,内有海绵状组织,细胞空隙大而充气,使植株在水中浮起,故有"水葫芦"之称。

植物真的会"发声"吗

小时候写作文总会这样写:"我听到玉米生长的声音……"植物是静默的,我们听不到植物说话的声音。但植物学家们发明出了一种特殊的装置,能听到植物生长时发出的声音。只要将这个装置连上放大器和合成器,人的耳朵就能直接听到植物发出的声音。其实早在20世纪70年代,澳大利亚的一位科学家就发现,当植物口渴难耐、缺乏营养时根部就会发出一种很微弱的声音。随后,人们逐渐在研究中发现,植物面临干旱时就会发出低沉混乱的声音,而在阳光的沐浴下或是被浇了水之后就会发出悦耳、动听的声音。

不要摇小树苗

小树苗的根须较脆弱,在土中扎根也不是很牢固,摇一下很可能就会使它受伤,若根部受损,小树苗就不能从土壤中吸取水分和养料,就会生病而死。

揭秘自然界的植物世界

为什么藕切开后会变黑

莲藕切开或去皮后，没等下锅就变黑了，这是为什么呢？莲藕中含有一种化学成分，即单宁，又称鞣质。莲藕一旦被切开去皮后，暴露在空气中的部分就会变成褐色。由于氧化作用，单宁中的酚类会产生醌的聚合物，形成褐色素，也就是黑色素。为了防止变色，我们可将去皮切开的藕片放在清水或淡盐水中浸泡，使其与空气隔绝，从而防止其氧化变色。另外，鞣质变色的另一种原因是与金属生成深色的鞣质盐，如遇铁后变成蓝色或暗绿色。正是由于这些原因，所以在烹饪莲藕时切忌用铁锅，宜用砂锅，并且，切藕时最好使用不锈钢刀具。

小博士趣闻

怎么炒藕丝不发黑

炒藕丝如果不得法，越炒越粘，而且藕丝发黑。若边炒边略加清水，不但好炒，而且藕丝又白又嫩。再加上点葱末、姜末和米醋，便色香味俱佳了。

为什么植物离不开根

不论是大树还是幼苗，它们都有根。尽管根的粗细、长短形态不一，但作用却是巨大的。可以说没有根，植物就无法存活。根具有强大的功能，首先，根可以从土壤中吸收水分、无机盐等各种元素；然后将这些元素输送到植物的其他部位；其次，根像人类的手掌一样会紧紧抓住土壤，防止水土流失；再次，根能合成一些新物质，比如多种氨基酸，并运至地上部分，作为形成新细胞的材料；最后，一些植物的根还可以起到储藏和繁殖的作用。

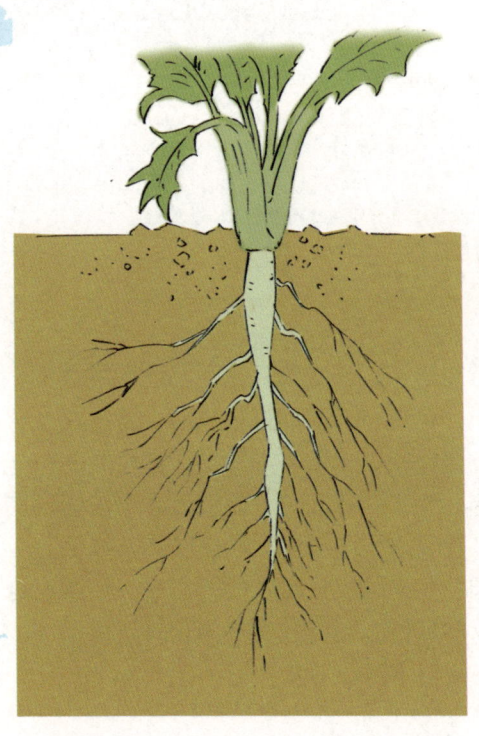

为什么植物的根总是向下生长

在地心引力的影响下，植物体内会产生生长素。而且根的生长与生长素密切相关，生长素含量少，根就会加速生长，生长素含量多，就会抑制根的生长。由于根接近地表的生长素较多，而深入地下的生长素较少，所以，根就会朝下快速生长，并且总是向下生长。

揭秘自然界的植物世界

为什么地震前的植物的生物电流会产生剧烈的变化呢

在地震以前植物内部会出现异常强大的电流，它的根系可灵敏地捕捉到地下所发生的许多物理与化学的变化，以及地下水、大地电位、电流、磁场的变化，所以植物相应地产生各方面的变化也就可以解释了。

小博士趣闻

植物能检测地震吗

地震前夕，动物常常会出现一些反常现象，如老鼠搬家、蛇兔迁徙、牛羊乱窜等，这些现象往往是地震的"前兆"。地震前夕，植物是否也会同动物一样，出现违反正常生理的迹象呢？是的，有些植物也会出现反应。含羞草就是一种对环境变化很敏感的植物，在正常的情况下，含羞草的叶子在白天是呈水平张开的，而随着夜色的降临，其叶子会慢慢地闭合起来。但是，在地震即将发生前的一个时期，含羞草的叶子却在白天也会闭合，而在夜间却莫名其妙地张开。

植物也有感情吗

人们总说草木无情人有情，其实植物也是有感情的，甚至它们还有自己的思维和鉴别能力。一位生物学家做过一个实验，他用开水烫了一下蔬菜的叶子，发现仪器上立刻显现出植物不停地发着痛苦呻吟的信号。若是猛烈地撕扯植物的枝条或叶片，仪器上会立即出现剧烈的电位差跳跃，好像人的肢体在遭受重创后有剧烈的反应一样。这些都反映出植物也是有感情的。另外，人们发现，植物还会感染人类的情绪，如果你性格开朗大方，生活有条理，那么你养的植物就会长得很好，可若你总是心事重重，抑郁悲伤，即使你对植物料理恰当，它也会长得不好。

能杀菌的超声波

现在有些国家还采用一种超出人类听觉范围的超声波来刺激麦谷类、蔬菜、水果等，结果证明，超声波竟能杀死植物身上的细菌。

小博士趣闻

"连理"对生命力强的植物有好处

当两棵树"连理"在一起的时候，那些粗壮、生命力强大的植物会得到很大好处，它们能够获得更多的营养物质。渐渐地，会迫使那些弱小的植物发育不良甚至死亡。

为什么有的植物能连生在一起

在我国寺院或花园中有很多形态奇特的连理树，这些树的树干或根紧紧相依连生在一起，被人们形象地称为"握手树"或"亲家树"。那么它们为什么能连生在一起呢？拿杨树来说，在杨树的树皮下有一层具有特殊作用的细胞层，这就是形成层，这种形成层会不断地分裂新的细胞，使树木越来越粗壮。当临近的两棵杨树枝干不断交叉时，由于风力的推动，它们会不断彼此摩擦并碰撞，渐渐会露出形成层。等风去时，两棵杨树的形成层就会产生新的细胞并结合在一起。然后，它们就会抱腰生长在一起。

不同植物有不同结构的芽

植物的芽分为很多种，一种发育为营养枝的，称为叶芽，一种里面含有花或花序的雏形的，叫做花芽，还有一种发育为枝但又有花或者花序的，叫做混合芽。

为什么有些植物先开花后长叶

我们常见的植物多是先长叶子后开花，而偏偏就有些植物却是先开花后长叶，比如玉兰和腊梅。要明白这个问题，就要从花和叶的结构说起，首先在春天开花的植物，它们的叶和花都已在往年的秋天长成了，并被包在芽里，到了春天，随着气温渐渐升高，各部分细胞就会很快分裂生长，这样花和叶就会伸展开来露在芽外面，长叶开花。而玉兰和腊梅则不同，它们花芽生长所需温度较低，初春时期温度已满足了它的生长需要，花芽就逐渐长大并开花，但叶芽还觉得气温太低，不能满足它生长的需要，于是就继续潜伏直到温度渐渐升高，叶芽才会慢慢生长，所以玉兰和腊梅往往是先开花后长叶。

揭秘自然界的植物世界

爬山虎为什么能爬得很高

爬山虎的攀援能力实在太惊人了！为什么呢？原来在爬山虎的茎上，只要长叶柄的地方，反面都会伸出来像枝状的根丝，这些细细的根丝就像蜗牛的触角一样，这些新细丝跟新叶子一样，也是嫩红的，这就是爬山虎的"脚"。爬山虎的"脚"触着墙体时，六七根细丝的头上就变成一个个小小的"圆吸盘"。所以，无论墙体再光滑，这些小吸盘都会牢牢地吸附在上面，然后慢慢往上爬。

爬山虎的"脚"要是没触着墙，用不了几天就会枯萎，连痕迹也不会留下。

小博士趣闻

爬山虎的"脚"

爬山虎的"脚"触墙时，攀住墙的细丝就会变得弯曲起来，紧贴在墙上，爬山虎就这样一脚、一脚地往上爬。

薰衣草为什么会把衣服熏得特别香

衣服洗过之后，放上几棵薰衣草，等到再穿时，就会散发出醉人的芳香味，沁人心脾。用薰衣草来熏衣比用香水熏衣要香得自然、香得舒适。薰衣草可谓世界上久负盛名的香料植物。这种草的花朵很小，呈穗状，是大气而又稳重的蓝紫色，虽称为草，实际是一种紫蓝色的小花，在有些地区薰衣草又被称为"蓝香花"。它能够释放出浓郁的、略带木头甜味的清淡香气。在它的花、叶和茎上的绒毛里均藏有油腺，轻轻碰触油腺就会破裂而释放出香味。所以用手触摸一下它身体的任何一个部位，它就会立即释放出幽香，并且会持续停留，经久不散。

小博士趣闻

"香草之后"——薰衣草

薰衣草隶属于唇形目唇形科。在罗马时代就已是相当普遍的香草，因其功效最多，被称为"香草之后"。薰衣草还有"芳香药草"之美誉，适合任何皮肤，能促进细胞再生，加速伤口愈合，改善粉刺、脓肿、湿疹，平衡皮脂分泌，对烧烫灼晒伤都有奇效，可抑制细菌，减少疤痕，舒缓压力，松弛神经，帮助入眠，解除紧张焦虑，治疗初期感冒咳嗽，逐渐改善头痛，有助于消化系统，同时它也是治疗偏头痛的理想花茶。

揭秘自然界的植物世界

箭毒木的用途

箭毒木虽有剧毒，但它的皮厚实且多纤维，柔软富有弹性，傣族人常把砍伐来的箭毒木在水中浸泡，消除毒液，将皮捶松，然后晾干做成床上的褥子，非常舒适。

小博士趣闻

为什么箭毒木又叫"见血封喉"

世界上最毒的植物分布在我国云南南部、广西、海南岛和东南亚地区。它高约30米，被称为"箭毒木"。它树干粗壮，高大雄伟，远远望去与一般乔木没什么区别。但不同的是，这种树会分泌出一种乳白色汁液，含有剧毒成分。如果它的汁液溶入人的伤口与血液相触，那么这人的心脏将很快被麻痹，血液凝固，必死无疑。即使伤口沾上一点也必死无疑。如果将汁液不小心弄到眼睛里，就会立刻失明。我国傣族地区有一个"贯三水"的说法，意为用这种树液制成的弓箭射中野兽后，任凭野兽多么凶猛，跳不出三步，必然倒毙。所以，箭毒木又叫"见血封喉"。

爬藤植物为什么可以爬藤

生活中我们会见到许许多多的爬藤植物，比如丝瓜、黄瓜、葡萄等，这些被称为攀援植物。在爬藤植物体内有一种生长素，生长素浓度适量时可以加速细胞生长，但若浓度较高反而会抑制植物生长，所以植物体内生长素分布的多少决定着茎的生长速度。这么一来，爬藤植物就具备了旋转生长的能力。像丝瓜、黄瓜等这类植物的爬藤方式与牵牛花不同，它们长有卷须，卷须很敏感，若碰到竹竿或绳子，就会紧紧缠住。

爬藤植物的卷须

长有卷须的爬藤植物若不能与竹竿或绳子等接触，卷须就会形成螺旋状，最后慢慢枯死，只有当卷须缠住了它所依赖的东西时，才会紧缠不放，并迸发出生命力。

揭秘自然界的植物世界

为什么植物的叶子形状、大小不一

绿色是大多数植物的共性，由于各种植物的遗传特征不一样，所以植物叶子的形状也千差万别，有掌形叶、长椭圆形叶、针形叶、羽状叶、圆形叶等。比如枫叶就是掌形叶，松树的叶子像细针，银杏叶像精致的小扇子，荷叶像圆圆的盘……植物生活环境有差异，这会影响到叶子的形状和大小。一般情况下，在干旱缺水的环境下生存的植物叶片较小，在湿热多水的环境中生存的植物叶片较大。

薄荷为什么很清凉

在薄荷的茎和叶里，含有多量的挥发油——薄荷油，它的主要成分是薄荷醇和薄荷酮。薄荷油是淡黄绿色的油状液体，馥郁芳香而清凉，薄荷的清凉香味就是从这里来的。吃薄荷会有清凉的感觉，这并不是皮肤降温了，而是薄荷中所含的薄荷油对人体皮肤上的神经末梢有了刺激，所以会令人产生一种凉凉的感觉。

薄荷的医疗保健作用

薄荷又称鱼香草，为唇形科多年生草本植物，是一种生长在低地、路边、河滩、湖边以及园地等处，药食兼用的野菜，广泛分布于全国各地。目前，大多数地区都有栽培。薄荷作为药食两用的野生蔬菜，日益成为人们日常生活中的绿色食品和营养保健食品。

揭秘自然界的植物世界

蒲公英为什么会飞

　　蒲公英为什么会飞呢？原来蒲公英的种子上长有冠毛，冠毛是由毛状的花萼生长而来，由于蒲公英的果实轻，加上冠毛的帮助，风轻轻一吹，果实便会飘散到各处，风一停，便落地生根了。蒲公英会飞的部分是它的种子，一个一个的小伞上，黑黑的小粒就是种子，上面白白的毛是长在种子上的纤毛。种子很轻，成熟后脱落，稍有微风就被纤毛带着四处漂流去了，直到遇到好地方停下来，当环境适宜时就会生根发芽，生生不息。

白鹭花的名称来源是什么

　　日本鹭草原名狭穗鹭兰,为兰科植物狭穗玉凤花的块茎。原产朝鲜、台湾和日本。花期在夏季。这种植物的花朵看起来很像一只雪白的白鹭展着轻盈的翅膀,故亦称"白鹭花"。白鹭花即为鹭草所开的花,属兰科,目前已知记录有12种(种植)。因白鹭花十分美丽,故人为采摘过多造成数量急剧减少,目前已经属于濒临绝种的植物,在十大奇异植物中排行第三。

为什么宫灯百合又称"圣诞钟"

宫灯百合为百合科球根花卉,由于其花形花色酷似中国宫灯而得名,开花时犹如一串串灯笼挂在花枝梗上,衬托绿色的叶片,极富特色。宫灯百合花形柔美,花期长,瓶插寿命可达2~3周。宫灯百合是一个比较独特的品种,其金黄色的铃状花是其特点所在。

宫灯百合的繁殖方式

宫灯百合可以用种子繁殖,而后长成小状的球或叉型的球茎。通常,种子繁殖较麻烦,约需要花费两年的时间,因为种子表皮坚硬,休眠较深,需要层层破壳才能生长。并且在第一个生长季,种子繁殖长成的种球仅2~3克。

为什么五倍子并不是盐肤木的果实

五倍子是一味名贵的中药，生长在我国南方山村高大的盐肤木上。春天，盐肤木的嫩枝开始抽芽，树上长出一些大小不等的绿点，慢慢长大，由青变黄，最后结成黄黄绿绿的"果实"，这就是五倍子。然而，五倍子并不是盐肤木的果实，而是动物结成的果实。是寄生在盐肤木上的角倍蚜无翅单性雌虫，刺叶细胞形成的虫瘿。角倍蚜虫寄生在嫩枝上，吸吮汁液养活自己，同时迅速繁衍后代。幼虫从小到大，从少到多，虫瘿不断扩大，渐渐成熟。把这些果实采下来，经过加工即可制成中药五倍子。

小博士趣闻

五倍子的功效

五倍子树，以根、叶入药。根全年可采，夏秋采叶，晒干。具有清热解毒，散瘀止血的功能。

揭秘自然界的植物世界

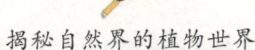

为什么泰国禁止出口鹦鹉花

　　鹦鹉花是凤仙花属植物，由植物学家E.D·胡克于1901年发现并确认。这是一种非常罕见的植物，仅生长在泰国北部、缅甸和印度东部的狭小范围内。在《印度植物》等几本植物学图书中也可以找到它的身影。这种植物很难培育，需要当地的一种传粉昆虫给它授粉。它还需要特定的PH值的土壤，才能茁壮成长，开出美丽的形似鹦鹉的花朵。大家都知道，有些鹦鹉是绿色的，也有白色的，但是，如果不事先提醒，你乍遇到这种花，可能会认为遇到了粉红色的鹦鹉。它们看起来非常逼真，如果自然界也有粉红色鹦鹉的话，鹦鹉花看上去简直就和真的一模一样了。这些精致的鹦鹉花挂在枝头，不管你从哪个角度观看，它们看起来都像粉红的鹦鹉。但现在你在市场上很难买到鹦鹉花，泰国政府已经禁止出口这种植物，因为它太稀少了。

为什么看年轮可以知晓树木的年龄

树木是长寿的，有百年甚至上千年的古树，通过数树木的年轮我们可以知晓树木的年龄。我们常常会看到在被锯开的木头上会有一圈圈的花纹，这就是年轮。它们是怎样形成的呢？在树干韧皮部内侧有一圈分裂能力极强并且生长极快的细胞——形成层，它可以使树木更加粗壮，在春夏季节，由于气候适宜，温度适中，雨量也较为充沛，形成层就会分裂出又多又大的细胞，此时形成的木材质地就比较疏松，颜色较浅，被称为春材或早材。相反在秋冬季，形成层分裂的细胞就比较少而小，那么形成的木材质地就比较细密，颜色也较深，被称为秋材或晚材。这样，早材和晚材深浅不一的木纹正好形成一个圆环，就是一年树木形成的木材。于是按照树木形成的圈数，我们就知道树木的年龄了。

小博士趣闻

年轮还可以告诉我们气候状况

树木年轮的形成与气候状况有密切关系，倘若年轮分布比较疏松，说明当年气候温暖湿润，倘若年轮排列非常紧密，则说明当年的气候比较干燥。

揭秘自然界的植物世界

小博士趣闻

树木怎样过冬

在秋天由于光照强，树木会积存许多养分，等到冬天，树木会把积累的养分转为糖或脂肪，由于糖和脂肪可以御寒，所以就可以保护树木不被冻坏。

树干为什么是圆柱形的

一位小学生问了森林管理员一个问题："为什么树干都是圆柱形的？"管理员回答说："首先，圆在几何图形中面积最大，支持力也最大，高大的树冠全靠一根主干支持，若结了果实更要承受巨大的重量，所以圆柱形树干才能扛得住。其次，可防止外来伤害。树干若是方形就很容易被动物啃噬或摩擦碰伤。树木的皮层尤为重要，若不小心被碰伤很可能会导致树木死亡。最后，树木是多年生植物，在它的生长过程中必定要经历风风雨雨，圆柱形的树干恰恰可以更好地守护它，不论风从哪个方向吹来，都会沿着圆的切线方向迅速掠过，这样树就会免受大的侵害。"

合欢树为什么会引蝶

每当春末夏初，合欢树就会开出迷人的花朵，并且它的花就像蝴蝶一样，开得非常热闹。有时你被开花的合欢树深深陶醉，会突然感觉眼前美丽的花儿竟飞了起来，再定睛一看，才发现原来不知是什么时候飞来一只只蝴蝶在给花儿伴舞呢！为什么合欢树这么招惹蝴蝶呢？原来合欢树的树叶上会分泌出一种黏液，而蝴蝶非常喜爱吃这种黏液，并且合欢花会散发出浓郁的香气，这些都会让蝴蝶在合欢花盛开时欢快地飞来，并成群聚集于合欢树上。

合欢树的用途

合欢树除花开的美艳，还有极大的用途。它的木材可做家具、枕木，树皮和花还是上好的安神、活血的中药。

小博士趣闻

揭秘自然界的植物世界

荷叶为什么会"吐水"

夏天的荷花池总是热闹华丽，荷叶上总会滚动着颗颗晶莹的水珠，在阳光的照射下熠熠生辉，甚是迷人。有心的你会不会感到奇怪：为什么其他植物的叶子上很少会聚集水珠，而荷叶上总是水珠满满？科学家们用显微镜观察发现，在荷叶的表面上有很多细小的突起，在这些突起上遍布了许多纤细的茸毛，且覆盖着一层蜡质结晶，这种蜡质结晶不仅可以疏通水分，还可以拒绝吸取水分，当雨水或露珠落在荷叶上时，水滴在荷叶表面张力的作用下没有办法在这层蜡质茸毛上扩散和渗透，这样水滴或者滚落下来，或者就聚集在一起形成透亮的水珠。并且这些水珠会顺势在叶面上调皮地滚来滚去，可以洗掉荷叶上的灰尘和污泥，利于荷叶自洁。

荷花仙子的传说

从前，百里洪湖水患不断，当地百姓怨声载道。一天，美丽的荷花姐妹驾着祥云，赶赴蟠桃盛会路过此地，看见黎民饿殍遍野的惨境，不禁潸然泪下，毅然将胸前的珍珠项链撒了下来。蟠桃会上王母娘娘发现她们胸前的珍珠不见了，问清缘由后将荷花姐妹派到人间拯救百姓。两位仙子下凡，令一片汪洋的洪湖变成了荷花争艳，鱼跃鸭栖的鱼米之乡。

人们如何采集奠柏树分泌的胶汁

奠柏树分泌的胶汁其实是一种很名贵的药材,当地人常常想尽各种办法来采集这种树胶。他们通常会先用一些肉食喂饱奠柏,等它吃饱后懒得动时,迅速采集。这种树胶的售价比黄金可要贵得多。

小博士趣闻

奠柏树是如何捕猎的

你知道吗?生长在印度尼西亚爪哇岛上的奠柏居然能吃人!奠柏树生活在原始森林中,是一种非常凶猛的树,奠柏树高八九米,属于藤本植物,树上长有很多长长的柔软的枝条,垂贴在地面上,随风摆动,看起来就像无数条毒蛇一样。人若从旁边走过,一不小心碰到它们,树上所有的枝条就会伸展出来,把人卷住,而且越缠越紧,使人无法脱身。人越使劲挣扎,就会被缠得越紧。同时,其树枝很快就会分泌出一种粘性很强的胶汁,足以能消化被捕获的猎物,直到将猎物全部消灭,才会停止分泌。当奠柏的枝条吸完了养料,就又开始飘动,布下天罗地网,为捕捉下一个猎物而做准备。

揭秘自然界的植物世界

为什么移栽树木需要剪去部分枝条

生活中，我们常常看到园艺工人在移栽树木时，会将树苗的枝条和叶子剪掉一部分。这是因为树木在移栽过程中，根系多少会受到一些损伤，受伤的根就会失去吸收水分和无机盐的能力，但叶子不会停止光合作用和呼吸作用，并且这些活动需要大量的水分，尤其在风吹和日晒下，叶子的蒸腾作用更加强烈，所耗水分量也就更大。若不剪去一些枝叶，树木难以维持地上部分和根系之间的工作协调，会导致树木干枯萎谢，严重时会造成树木失水死亡。所以在移栽树木时，适当地剪掉些枝条和叶子可以降低植株的蒸腾作用，维持树木体内水分收支平衡，提高成活率。

小博士趣闻

要常给刚移栽的小树苗浇水

由于刚移栽的小树苗的根还没有完全长好，吸水能力弱，中午时阳光强烈，蒸腾作用加强，其仅有的水分就会被蒸发掉，树苗就会没有精神，所以为了使树苗存活，就要常给它浇水。

为什么森林被称为"地球之肺"

森林是大自然的卫士,更是生态平衡的支柱。它能维持空气中二氧化碳和氧气的平衡,还能清除空气中的有毒气体,因此被称为"地球之肺"。大气中的氧气,对生物有着极其重要的作用。而地球上绝大多数的氧气是由森林中的绿色植物产生的。绿色植物在进行光合作用时,能吸入二氧化碳,并释放出氧气。当然,绿色植物也要进行呼吸作用,不过在阳光的照射下,它的光合作用大约比呼吸作用大20倍。因此人们又称绿色植物为氧气的"天然制造厂"。

为什么森林的空气格外清新

当我们走入森林时,会觉得空气很新鲜。这是因为在森林区内,除了各种枝叶繁茂的植物能过滤尘埃净化空气外,空气中还含有裨益人体的芳多精成分,可使人顿觉清新,充满活力。森林植物的叶、干花等会散发一种叫做芳多精的挥发性物质,用以杀死空气中的细菌、微菌及防止害虫、杂草等外来生物侵害树体。

揭秘自然界的植物世界

为什么黄山松如此奇特

游过黄山的人都会不禁感慨——黄山上的松树真是太奇特啦！有的像条卧龙，有的像翘首的孔雀，有的像伸手热情欢迎远道而来的客人……为什么黄山的松这样奇特呢？这自然要从松树生长的环境——黄山说起。大家知道黄山海拔较高，地属山区，山上风大并且昼夜呼啸不止，山上的松树为了生存就不得不改变其生长形态，这样就有的长得像把伞，有的像面旗，有的像把扇；另外黄山是石头山，多是大块裸露的岩石，土壤贫瘠，水分和养料的稀缺导致黄山上的松树树冠非常紧密并且矮小，靠分泌一种酸性物质依山势和风向扎根在高山峭壁夹缝中。树根也盘根错节。

小博士趣闻

黄山上的迎客松

迎客松，黄山奇松之首，是千千万万黄山松中的至宝，已被列入世界遗产名录，它挺立在玉屏峰东侧、文殊洞之上，破石而生，寿逾千年，姿态苍劲，枝叶平展如盖，两大侧枝横空斜出，似展臂迎客，颔首向五湖四海的宾朋致意。地处海拔1680米，树高10.1米，树龄越800多年，是黄山松中的"元老"。

铁树为何又名凤尾蕉

铁树因树叶如铁般坚硬，且喜爱含铁质肥料而得名。此外，铁树因枝叶似凤尾，树干似芭蕉，故又名凤尾蕉，属常绿植物。铁树耐寒性较差，多栽种在南方。

铁树很难开花吗

生活中，人们一旦说起什么事情特别不容易实现时，就会用"比铁树开花还难"来形容。可实际上铁树开花并不像人们想象得那样困难。我国多数地区位于温带，气温相对较低，而铁树多生长在热带地区，所以生长在我国一些地区的铁树长得都比较矮小，长年不会开花。从而被作为观赏性的植物来栽培，若铁树突然开花，则被人们认为是一件极其稀罕的事情。事实上，在我国南方一些气候相对比较温暖、湿热的地方，十年以上的铁树都能开花。

揭秘自然界的植物世界

为什么油棕被称为"世界油王"

在非洲西部热带雨林地区生长着"世界油王"——油棕。它的果实和果仁中都含有非常丰富的油脂。它的果实呈穗状，每个大穗能够结出2000多个球形的小果，一般最大的果实重达20千克，果肉、果仁可达到15千克，含油率高达60%。果实榨出来的油叫做棕油，果仁榨出来的油叫做仁油，是上好的食用油。一亩油棕能产棕油200千克左右，比花生的产油量高7～8倍，比大豆的产油量高9倍，比椰子的产油量高2～3倍。因此，油棕被称为"世界油王"。

小博士趣闻

为什么油棕的叶片呈"之"字折扇状的结构

"之"字折扇状的结构具有较大的张力，可以承受外界给予的较大压力，不易被狂风暴雨撕裂和折断。工程师们受到这种叶片结构的启迪，设计制造出波形板、瓦楞纸板等新颖坚固的建筑材料。

43

孩子最感兴趣的十万个为什么

小博士趣闻

反应灵敏的含羞草

含羞草在受到刺激后能及时告知全体叶片和叶柄。它传达刺激的速度约每分钟10厘米，茎传达刺激的距离能到达50厘米远处的叶柄和叶片。

若用手指轻轻触碰一下小小的含羞草，它那排列成对的细密的羽形小叶子就会立即闭合，含羞草为什么会如此"含羞"呢？原来含羞草的故乡在湿热的热带地区，总会发生狂风暴雨，若含羞草不能在碰到第一滴雨或第一阵风时合上叶子，将叶柄低垂，那么它细小的叶片就会受到风雨无情的摧残。于是为了适应生长环境，含羞草在进化过程中，学会了保护自己的本领。仔细观察含羞草，会发现在它的小叶片、叶柄及叶枕（叶柄与茎相连膨大的部分），对刺激非常敏感。叶枕中充盈着水分，并有很大压力，当手指触碰含羞草时，叶枕下部细胞里的水分就会马上向上部和两侧流去，于是叶枕上半部鼓起来，而下半部瘪下去，叶柄就会低垂。

含羞草为什么会"含羞"

揭秘自然界的植物世界

为什么柏树和松树可以四季常青

　　秋天和冬天来临时，其他树木都开始慢慢变黄，然后落叶，但松柏却还是绿色的，完全不畏惧天气的严寒。这是为什么呢？原来松柏和其他的树木一样也是要落叶子的，只不过它比较与众不同，当它的老叶刚刚落下时，新叶就会马上长出来，它叶子的生长，我们很不容易发现。一般树木的树叶只有几个月的寿命，但是松柏却不一样，它们的树叶能够存活3～5年。另外，从外表上看，松树的叶子是像针一样的细长形状，它的表面上有一层蜡质，会阻止水分的蒸发，所以即使是在冬季它们仍能保持绿色，永远常青。

柏树

小博士趣闻

　　我国关于柏树的诗句很多，它被看作是正气、高尚、长寿、不朽的象征。同样在国外柏树也是情感的载体，柏树常出现在墓地，以表达后人对前人的敬仰和怀念。中国人在逝者的墓地上栽松柏也是寄托一种让逝者"长眠不朽"的愿望。

榕树之美

榕树之美在根，盘根错节，起伏不定，榕树多具有板根现象、老茎生花、空中花园和绞杀现象，景观奇特雄伟，有铺天盖地的壮阔之美。远观榕树就像一座绿色的大山。

为什么榕树可以独树成林

榕树多生活在我国南方，并且常常是大片的"榕树林"，看上去很壮观，有蔚然成荫的阵势。或许有人会以为这一定是许多榕树聚集在一起吧，其实只有一棵榕树。原来，榕树的生命力特别旺盛，一棵粗大的榕树树干直径可达十几米，并且榕树的树枝也长得非常粗壮，还会向四周竭力伸展，这样榕树的树冠面积就特别阔大。更为奇特的是，在那些极为粗大的树枝上还会长出一簇簇像胡须一样的气根，这些气根起初长得比较细小，可时间一久，它就会一直伸向土壤中，然后迅速生长，并且可以长得像大树的粗枝一样。就这样，无数的气根连同母树一起永不停止地繁衍生息，随之树干就会越来越宽大，日积月累，一棵榕树就会长成一片壮观的"榕树林"。

揭秘自然界的植物世界

小博士趣闻

山区的植物种类比平地多

由于在山区，地形差别大，并且山脚、山腰和山顶各部分温差很大，所以植物种类就比较多，而在平地，地形和气温基本一致，所以种类较少。

森林里的树木为何比别处的树更高、更直

阳光对树木的生长来说非常重要，如果没有阳光，树木就不能健康生长。森林是一片无际的绿海，树木聚集在一起，为了博得阳光的"垂爱"，会展开一场激烈的阳光争夺战，它们不停地向高处生长，奋力超过其他树木，以获取充足的阳光，生存的竞争就会导致树木将制造出的大部分养料都供给树干，只留小部分养料作用于树干的增粗，所以说森林中的树木一般都是长得又高又直。

会游泳的椰子果

当椰子果成熟后，会掉落在海水里，随大海漂行，并且椰子果不会在海水中沉没，更不会腐烂。椰子果皮有三层，外层薄且光滑，抗水性非常好，中层厚而松散，充盈着空气，可漂浮在海面上，内层则是坚硬的果核。这样特殊的结构使得椰子果可以在大海中尽情地漂流。

椰子树为什么总把脑袋歪向海边生长

在我国美丽的海南岛游玩时，随处可见的是海边那些婀娜多姿的椰子树，你会发现它们总把脑袋歪向海边，像在聆听海的声音。有人认为，这是因为海边地势倾斜的缘故，其实不是这样的。大家知道椰子树从它们的祖先开始就一直生活在大海边，那里有充裕的水分、阳光以及适宜的温度和土地，可以供椰子树代代不息地生存。而椰子树和其他植物一样都要繁衍后代，它们就会把脑袋歪向大海边，以便椰子果能更好地掉落在海滩或海水中，这样当海浪打来，椰子果会随着海浪被冲到对岸或者沙滩上，然后在新的地方生根发芽，长成新的椰子树。

揭秘自然界的植物世界

麒麟血藤真的会流血吗

树若遭到创伤，往往会流出一种无色透明的液体，而橡胶树则会流出像牛奶一样的液体。除了这两种最常见的情况，你恐怕难以相信这个世界上还存在会流血的树。在我国广东和我国台湾省一带就生长着一种会流血的树，它叫麒麟血藤，是一种多年生藤本植物。它像蛇一样缠绕在其他树木上，茎可达10余米长。倘若在它身上砍一刀，就会有像"血"一样的树脂渗出来，干后凝结成血块状的物质。这是一种很珍贵的中药，称为"血竭"或"麒麟竭"，可以用来治疗筋骨疼痛，并有散气、祛痛、通经活血等功效。

龙血树为何叫"不才树"

龙血树其拉丁名称来源于希腊语，意为"雌龙"。龙血树同属多种和变种，用于园林观赏。龙血树材质疏松，树身中空，枝干上都是窟窿，不能做栋梁；烧火时只冒烟不起火，又不能当劈柴，几乎没有任何用处，所以又叫"不才树"。

植物老寿星——龙血树

1868年，著名的地理学家洪堡德在非洲俄尔他岛考察时，发现了一棵年龄已高达8000岁的植物老寿星。可惜这颗树已被刚发生的大风暴折断。正因为它被风暴折断了主干，洪堡德能通过数它树干断裂处的年轮知道其准确年龄。这是迄今为止发现的最高寿植物。这颗长寿的树叫龙血树，树高约18米，主干直径近5米。

小博士趣闻

揭秘自然界的植物世界

血藤的植物特征有哪些

血藤为攀援状乔木、灌木或为高大木质藤本。花两性，且两侧对称，位于近轴上方形似蝶首的两片花瓣，为旗瓣，两侧平行与蝴蝶翅膀极为相似的两枚花瓣，为翼瓣，位于最下方形状有点像蝶尾边缘合生的两片花瓣，为龙骨瓣。血藤花由紫色、玫瑰红色或白色花冠组成，一串串悬挂在空中，仿佛在风中飞舞的一只只小蝴蝶，散发出浓郁的蝶恋花香，在空中争奇斗艳，随风飘荡。

小博士趣闻

造型可爱的铃铛血藤花

着生于老茎上的总状花序开出了深紫色的花瓣，就像吊挂着一长串可爱的铃铛，造型非常奇特。由于血藤花平时不容易看到。越是老林血藤，则开花越茂盛。

松树为什么会"流泪"

当你走近一棵松树，仔细观察它，会看到它身上有一团团半透明、软软的黏液，还有一股气味，难道松树也会"流泪"？原来这些泪珠就是松脂，在松树的全身，贯通着许多细小的管道，这些管道有序连接构成一张大网络，这种网络的细胞就有制造松脂的本领，并且还可以贮存松脂。一旦松树遇到紧急情况，受到伤害，松脂就会从管道中出来至伤口处，把伤口封闭住，阻止有害物质入侵。并且松脂还会散发出一股气味，可以杀死有害病菌。所以松脂其实就是松树的医生，也正因有松脂，松树才具有很强的耐磨性，是很好的建筑材料。

松脂的妙用

从松脂中可以提炼出松香和松节油，若不小心伤了肌肉，就可以抹些松节油来疏通血脉。而且用松香块抹乐器的弦子，会使其声音悦耳清润，一些上好的油墨中，也都掺有松节油。

小博士趣闻

揭秘自然界的植物世界

王莲以巨大的盘叶和美丽浓香的花朵著称。它是水生有花植物中叶片最大的植物，叶片圆形，边沿上翘、直立，像圆形的大托盘浮在水面，直径可达2米以上。其叶面光滑，绿色略带微红，有皱褶，背面紫红色，叶柄绿色。

王莲的花很大，单生，直径25～40厘米，有4片绿褐色的萼片，呈卵状三角形，外面全部长有刺；花瓣数目很多，呈倒卵形，长10～22厘米，雄蕊多数，花丝扁平。王莲的花期为8～11月。傍晚伸出水面开放，浓郁芳香。第一天傍晚时分开花，白色并伴有芳香，第二天变为粉红色，第三天则变为紫红色，然后闭合凋谢，沉入水中，种子在水中成熟。因此，王莲又被称为"善变的女神"。

王莲花为何被称为"善变的女神"

小博士趣闻

类似王莲的"水晶宫"

英国建筑家约瑟，曾模仿王莲叶片的结构，设计了一种坚固耐用、承重力强、跨度大的钢架建筑结构，被誉为"水晶宫"。

53

王莲为何被称为睡莲中的"大力士"

你见过超大型叶片的植物吗？或许你会认为荷叶就已经足够大了，确实，它真比一般植物的叶子要大很多，但是若比起王莲的叶子来，荷叶可就逊色多了。王莲的叶子真是巨大无比，可谓又大又圆。它的直径一般在两米以上，甚至有四米长的，像个硕大无比的圆盘稳稳浮在水面上，王莲的叶子背面有非常坚韧的叶脉构成的骨架支撑，骨架间横隔相连，每个横隔里都有一个小气室，就是这些小气室使王莲可以稳稳地坐在水面上，它的叶子足以承载一两个小朋友的重量。

王莲叶片创造了承重的记录

在郑州市首届荷花展上，郑州市紫荆山公园做了个试验。他们首先将一个2岁多的孩子连人带车一起放在一片王莲盘叶上，重达48斤，试验成功。然后，又将重35斤、50斤的2个孩子分别放在王莲盘叶上，也获得成功。最后，一位重104斤的年轻女孩也平稳地站上王莲盘，叶片仅中央下陷，并没下沉。此次试验，创造了王莲叶片承重的记录！

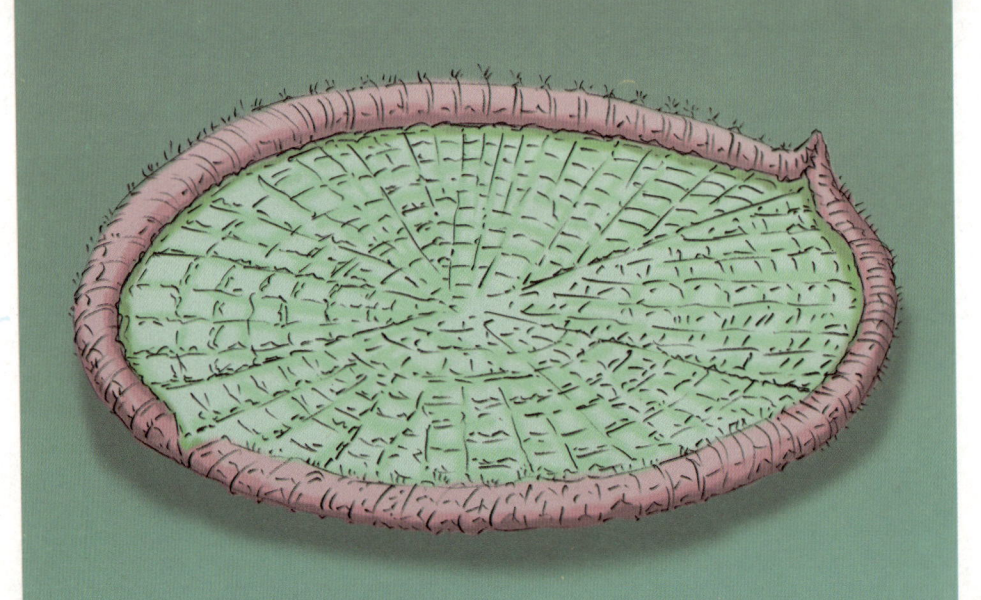

揭秘自然界的植物世界

为什么树木上的名称牌用拉丁文标注

在植物园和公园中有一些树木会挂着名称牌，方便我们认识这些植物，可为什么在中文名称后又要标注拉丁文呢？原来这是植物的学名，国际上规定给每一个植物所订的名称必须有属名、种名和命名人的姓名组成，并用拉丁文写成。拉丁文是古代欧洲的一种文字，世界上许多名著都是用拉丁文写成，并且拉丁文的字母非常清楚简单，是世界上最通行的字母，拉丁文作为一种古代文字，在应用上非常方便。因此，植物学、动物学，甚至医学、生物学等学科中的一些术语都采用拉丁文。所以，植物的学名是世界上按国际命名法规给每一种植物制定名称，也是世界上所有科学家一致公认的标准名称。它不属于任何一国，便于全世界学习和研究。

猪笼草的形态特征是怎样的

在我国广东省南部地区有一种奇特的食虫植物——猪笼草，它长得很怪异，叶子互生，在叶子最尖端有一个"捕虫笼"，呈漏斗形或圆筒形，颜色艳丽，花纹漂亮。在猪笼草的上面有一个半开的笼盖，以防止雨水淋进去，在笼盖周围分布着蜜腺，能够散发出香味，这种香味可以用来引诱小动物或是小昆虫的到来，笼的内侧非常光滑，笼口既能开又能收缩，笼内还会分泌出弱酸性的消化液。笼口有大有小，小的像拇指一样，大的可以装进一二毫升水。那些小昆虫一旦误入或滑进笼内，则很难爬出笼外，并会被笼内的消化液迅速消化掉。

猪笼草为何要捕捉小动物或小昆虫

在中国海南，猪笼草又被称作"雷公壶"，意指它像雷公的酒壶。猪笼草因原生地土壤贫瘠，而通过捕捉昆虫等小动物来补充营养，所以是食虫植物中的佼佼者。

小博士趣闻

揭秘自然界的植物世界

眼镜蛇瓶子草是如何捕食的

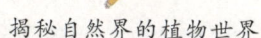

　　眼镜蛇瓶子草是瓶子草科的一个属，是一种食虫植物，主要分布在美国加利福尼亚州北部与奥勒冈州。眼镜蛇瓶子草是非常知名的食虫植物品种，因酷似眼镜蛇而得名，因此受许多植物玩家及收藏者所青睐。它们瓶盖的左右两侧黏连，形成一个球状的顶部，使得整个捕虫瓶几乎密封。球状的瓶盖与瓶身的衔接处有一个凹陷的缝隙。瓶盖和瓶身上有许多因缺少叶绿素而呈现出的白色斑纹，阳光可以透过这些白斑射入捕虫瓶内。昆虫（大部分为蚂蚁）可以从狭缝中进入捕虫瓶。一旦进入后，它们会被这些白斑迷惑住，误以为白斑处为出口而在捕虫瓶内迷失方向，最后落入消化液中而被消化。

危险的毒酒——瓶子草

　　瓶子草的瓶口附近有许多蜜腺，能分泌出含有果糖的汁液，以此用来引诱昆虫，除了果糖之外，它还会分泌出一种汁液，然而这个汁液却是危险的毒酒。当昆虫食用了这种毒液，便会神智不清，甚至麻痹、死亡。

● 孩子最感兴趣的十万个为什么 ●

仙人掌为何浑身长满刺

仙人掌的故乡是干旱炎热的大沙漠,那里气候干燥又炎热。最初的仙人掌是有叶子的,没有那些密密麻麻的小刺,这些叶子每天都要进行蒸腾作用,会蒸发掉很多的水分。后来,仙人掌为了能够在干旱的沙漠中生存下去,就一代代不断地进化,尽可能地减少水分的散失,并贮存一定量的水分,于是它的叶子就开始慢慢地变小,最后就变成了一根根的小刺。

多肉的仙人掌

为了适应沙漠中的炎热环境,仙人掌的茎干呈肉质,多浆。此肉质茎含有很多胶体物,胶本物的吸水能力极其强,而且水分也不易散失。有的仙人掌肉质茎像水缸那样粗,高达10多米,就像一个储水桶,可谓沙漠中的"饮料"。

小博士趣闻

揭秘自然界的植物世界

小博士趣闻

仙人掌的食用价值

在仙人掌的原产地，多数仙人掌不仅可作牲畜的饲料，而且还可供食用。有些仙人掌的嫩茎被当作蔬菜，用盐腌制后可当凉菜食用，清脆爽口；煮熟了食用，味道鲜美，若用糖煎煮，可加工成蜜饯，不但风味独特，而且颇具营养。

为什么仙人掌被称为"空气净化剂"

说起仙人掌，你一定会想到它的观赏性。正由于其观赏价值很突出，人们往往极易忽略它其他方面的价值。那么仙人掌除了观赏外，还有什么用途呢？最近人们发现，仙人掌肉质茎中的黏液有良好的净水作用，是野外工作者就地取用天然水体的净化剂。有些仙人掌果实的汁液，早已被利用作为安全的食用红色素。其实有很多人都不知道，仙人掌具有与众不同的生物特性——白天关闭气孔，以减少体内水分的蒸发，到夜间才开放气孔，吸收二氧化碳，制造氧气。同时把呼吸过程中产生的二氧化碳自行吸收消化。所以，它被人们称为最实用的"空气净化剂"。

捕蝇草为何要觅食

美国南乔治亚大学生物系助理教授、植物生态学家里奇说,捕蝇草可以通过光合作用制造食物,因此这种食虫植物并不像一般动物那样,为了取得能量及碳分子而猎食。它主要是因为栖息在酸性沼泽地,因某些必要养料(特别是氮和磷)供应不足,才进行觅食的。

捕蝇草是如何吸引、猎杀、消化以及吸收猎物呢?首先,它从类似钢夹状陷阱的叶片分泌出味道香甜的蜜汁,以吸引猎物前来。毫无防备的昆虫落足其上想来饱餐一顿时,不小心绊到叶片上竖起的触发纤毛,就会被困在两片叶缘交互锁上的锯齿里。每片叶面上有3～6根触发纤毛,如果同一根纤毛被碰触了两次,或是两根纤毛在20秒内同时受到碰触,位于叶片外侧表面的细胞就会充满水样液体而迅速膨胀,造成叶片陷阱的关闭。如果昆虫分泌尿酸类物质,刺激了叶片,则会使得陷阱夹关得更紧,密不通风。一旦陷阱夹关了起来,位于叶片内侧的消化腺就会分泌溶解软组织的酶,杀死细菌及真菌,并将昆虫分解成所需的养分,然后由叶片吸收。通常在捕获猎物的5～12天之后,陷阱夹会重新开启,并释放出没有吸收的猎物骨骸。

捕蝇草是如何捕猎的

为什么说小草的生命力最强

因土壤中有各种矿物质元素,植物的根从土壤中吸收的铁、钾、磷等元素,能够被输送到植物体的其他部分,供植物生长需要。当植物在冬天枯死时,这些元素就会保留在茎和叶里。

在冬天我们常常看到人们将地面上的枯草点燃,这样一些营养成分就会保留在灰中,遇到雨水,灰就会随之渗入土壤,那么从土中吸取的矿物质就又回到土里,好像施了肥一样,当草在春天萌芽时就可以利用它们。因此,烧过的草坪就会比没有烧过的要长得好些。并且由于草丛是害虫和病菌潜伏过冬的好地方,所以烧光草坪,就会将害虫和病菌全部杀死,这样对植物的生长是非常有利的。或许有人会担心,这样放把火烧,会不会把草烧死啊?当然不会。烧草,只是将茎和叶烧掉,深藏在土中的根是不会受到影响的,自然会"野火烧不尽,春风吹又生"。

跳舞草为什么要跳舞

世界上真的存在会跳舞的草？这是真的！这些跳舞草就生长在我国南方。跳舞草的叶子长长的，像女性的柳叶眉，其叶柄上长着一片大叶子和两片小叶子，两片小叶子总是以叶柄为轴心绕着大叶子舞动旋转，旋转一圈后又会以很快的速度回到原位，然后再开始旋转，像在跳一场芭蕾。跳舞草真是高超的舞蹈家，一棵跳舞草上的叶子旋转时会有快有慢，但却不乱，相当有节奏。在旋转时，两片小叶子有时会向上合拢，有时会慢慢向下分开展平，真是好看极了。那跳舞草为什么要跳舞呢？科学家研究发现原来跳舞草在跳舞时，叶片的位置会不停地变换，从而获得更多的阳光。

跳舞草还叫电信草

科学家研究发现，跳舞草是一种对一定频率和强度的声波极富感应性的植物，当气温不低于24度时，在阳光照射下，跳舞草受到声波刺激会随之连续上下不停摆动，所以它又叫电信草。

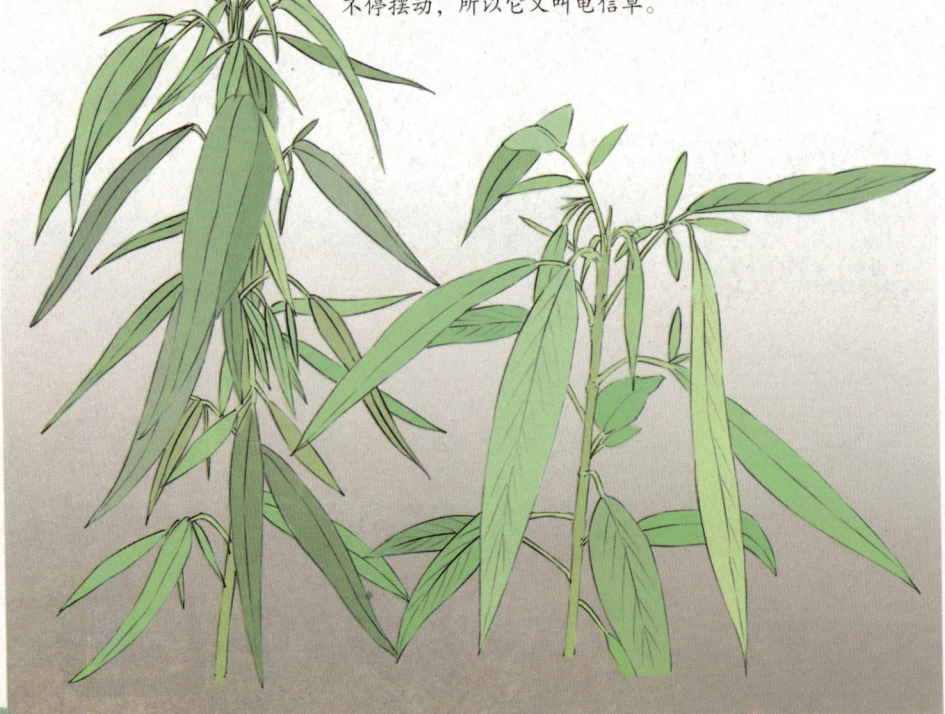

揭秘自然界的植物世界

还魂草真的可以还魂吗

还魂草真的可以"九死一生"吗？当然可以。大千世界真是无奇不有，还魂草"死"了竟然还可以复活。还魂草又叫九死还魂草、长命草、卷柏等，叶子跟柏树的叶子很像。它的生命力非常顽强。还魂草在气候干旱时，将自己卷成一个球，以减少水分的散失，若天气一直干旱下去，还魂草身体内部的水分就会大量损失，很快变成枯黄色，就跟死去没有什么差别，但实际上它并没有死，只是新陈代谢特别缓慢，一旦下一场雨，还魂草的枝条马上就会舒展开来恢复绿色，看上去就像复活了一样。所以还魂草的"还魂"只是植物的生长由抑制状态恢复到正常发育状态而已。

小博士趣闻

旅行的还魂草

还魂草活得相当自我和自由。在气候干旱缺水时，还魂草的根就会自动折断，然后像卷尺一样全身卷成一个球，随风滚动，到处流浪，当遇到一个水分充足的地方时，还魂草便停下来在此地扎根生活，如遇到干旱的天气，它就会再次收拾行囊开始旅行。

为什么树叶在秋天就会变成黄色或红色的

叶子的颜色是由它本身所包含的各种色素来决定的。我们平常知道的有叶绿素、类胡萝卜素、花青素等。叶绿素和类胡萝卜素都是进行光合作用的色素。类胡萝卜素比较稳定，可以保护叶绿素，当它的含量超过叶绿素时，树叶就会变成黄色。夏季叶子能长期保持绿色，是因为会不断产生新的叶绿素来代替褪了色的老叶绿素。但到了秋季，由于气温降低，叶子产生新叶绿素的能力就会慢慢消失，而叶绿素被破坏的速度就会超过它形成的速度，于是绿色就会褪去，同时由于类胡萝卜素的相对稳定，含量必然超过叶绿素，叶子也就变黄了。有些树的叶子会变成红色而不是黄色，是因为叶子为了御寒，把淀粉转化成糖分，糖分又会形成红色花青素，于是叶子在凋落前半个多月里就会产生大量的红色花青素，树叶就慢慢变成红色了。

揭秘自然界的植物世界

木棉为什么被叫做"英雄树"

"我必须是你近旁的一株木棉,作为树的形象和你站在一起。"诗人舒婷在《致橡树》中将木棉比喻为一个追求平等、独立的爱情的女性形象。其实植物王国中的木棉非常具有英勇豪迈的气概,木棉生活在热带、亚热带地区,最高可达30多米,当木棉和其他树木一起生长时,它们总会竭尽全力地往上长,希望不被其他树木所遮掩。所以木棉往往长得比其他树木要高。木棉先开花后长叶,每年的三四月,木棉会开出美丽的红花,真的是"我有我红硕的花朵,像沉重的叹息,又像英勇的火炬"。由于它红得鲜艳耀眼,灿烂夺目,再加上木棉的高大,很有一番英雄的气概,所以人们就将木棉称为"英雄树"。

木棉又称"红棉"或"烽火树"

木棉是热带,亚热带落叶大乔木,每年三四月,一株木棉会盛开成百上千朵红花,木棉又长得挺拔,所以也被称为"烽火树"或"红棉"。

夏天不适合植树

在夏天你若是植树，会发现即使一棵枝繁叶茂的树，根和叶没有受到丝毫损伤，它也难以成活。因为此时树的生命活动极其旺盛，需源源不断地从根部汲取水分和养料，一旦移动，树由于没有适应新的土壤，根部还未伸展，叶子大量蒸发水分，就会枯死。

为什么冬季要把树干刷成白色

在生活中我们常常会发现有很多树干被刷成白色，看起来整齐又漂亮，尤其是在冬天，树干都会被刷成白色，这是为什么呢？原来这种白色物质是用生石灰和水调成的，它对树木的好处可多了。首先，石灰水可以治好大树的病，在树干上往往会寄生一些越冬细菌和害虫，而石灰水可以将它们统统杀死。以防害虫和细菌大量繁殖伤害到树木，其次，由于害虫多喜欢黑色、肮脏的地方，那么树干涂成白色，土壤中的虫子就不敢往树干上爬了。最后，树干刷成白色，可以反射阳光，使树木少吸收热量，维持树木白天和夜晚温度一致，这样在冬季，树木就不会因为白天和夜晚温度不一而被冻裂。

揭秘自然界的植物世界

为什么树很怕被剥皮

为什么有些树都成了"空心树"还能继续存活下去,而一旦树皮被剥掉就活不下去了呢?这是因为树要在自然中生存下去,就必须有充分的水分和养料。树叶可以通过光合作用制造养分,根从土壤中吸取水分和养料,而这些营养物质要输送到树的全身,就要完全依靠树皮。如果一棵树的树皮被剥去,那么养料和水分的运输就会受到阻塞,时间一长,大树的根部就会因没有充足的食物而被"饿"死,树枝和叶片也会因为缺乏水分和养料而不能顺利进行光合作用和呼吸作用,最后,大树就会可怜地死去。

自动裂开的树皮

旧的树皮会因为包不住树干而裂开、脱落,而后长出新的树皮,这样树就越来越粗了。

小博士趣闻

菟丝子为什么被称作"寄生虫"

在农村，菟丝子是一种较常见的植物，农民伯伯都非常讨厌它，称它为"寄生虫"。它长着纵横交错的藤状茎条，这茎条就像一张巨大的网，会铺天盖地缠绕在绿色的农作物上，然后吸取农作物的营养使自己生存下来，因为菟丝子的叶子已经退化成小鳞片，不能进行光合作用，所以不能制造养料，只好寄生在别的植物体上靠吸收寄主的养料来生活。在最初时，菟丝子的幼苗会在顶端盘成一个个像绳索一样的圈套，当碰到农作物的茎干时就会立即缠住，并迅速往上爬，越缠越紧，到最后，菟丝子就会直接进入农作物茎干的中心，并源源不断地吸收养分，直到农作物死亡。

小博士趣闻

讨厌的菟丝子

菟丝子的蔓延速度极快，只需极短的时间就能毁掉整片庄稼。

揭秘自然界的植物世界

为什么有的叶片上有毛，有的没有毛

爱观察的你是不是会疑惑不解，怎么滴水观音的叶片上没有毛，很光滑，而杜鹃花的叶子上却长着软软的毛？原来叶片上有没有毛也是有一番学问的。一般来说，对于生长在干旱地区的植物，叶片上长毛是为了减少叶片的水分蒸发，防止被虫子咬伤，例如沙枣的叶子。对于生活在气候寒冷的环境中的植物，叶片上会长有许多毛，就像穿着一件暖和绿色的毛衣，这是为了呵护叶片，使它免受冻坏之苦。一般生活在炎热潮湿的环境下的植物叶片是不会长毛的，并且它们的叶片非常光滑，比如滴水观音，它那闪着绿光的大大的叶片还能滑下大水珠来。这类植物由于生长的地区雨水较多，需要很快将叶片上的水分蒸发掉，以防叶片烂掉。

杜鹃花的叶子毛茸茸

杜鹃花生长在海拔大约4000米的高山上。其叶子上布满绒毛，这是为了保护叶片，防治叶片水分蒸发太多，在夜晚温度较低时，不至于被冻坏。

植物也有电

大家知道植物和动物都属于生物，在生物体内的生命活动，有些就会产生电场和电流，即生物电。植物体的电都非常微弱，需要用很精密的仪器才可以测出来。植物之所以会产生电，原因也有很多，比如在根部，由于根细胞对矿物质元素的吸收和分布不平衡关系，电流会从一个部位流向另一个部位，但是这种电流的强度非常小，有人计算要有1000亿条这种根发的电才能点亮一盏100瓦的电灯！

你听说过"气象树"吗

什么是"气象树"呢？"气象树"就是指那些能预报天气的树木。这些树木很奇特，会随着天气的变化来改变叶片的颜色，比如有些树木，在晴天时叶片是深绿色的，但到下雨前叶片就会变成红色。也有一些树木会根据天气情况而萌芽长叶，比如发芽早且芽多叶茂就表示当年雨水很多，发芽迟且叶片少就表示当年会有干旱，正常时间发芽长叶就表示当年风调雨顺。还有一些树木会根据天气状况而发生一些奇特的现象，比如叶片上有水滴溢出就说明即将下雨。植物学家发现，树木能够预报天气，是自身适应周围环境变化的一种反应方式。

揭秘自然界的植物世界

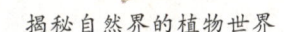

蕈类植物为什么不长根

蕈，是真菌类的低等植物，与霉菌和酵母菌是近亲。蘑菇就是一种蕈类植物，它们的样子非常奇怪，整个身体是由一些丝状、网状的菌丝组成，每一条菌丝就是一个或多个细胞。菌丝是分工合作的，有专管营养和增大身体的菌丝叫做营养菌丝，还有一些菌丝负责传宗接代，叫做繁殖菌丝。像蘑菇等蕈类植物既没有根又没有枝叶，那么它们要吸收营养物质使自己生存下去，就靠那些营养菌丝。这些菌丝一伸入土壤、朽木就会分泌出一些酶，将那些复杂的有机物分解成较简单的物质，那么这些东西就可以直接被菌丝吸收利用了。所以蕈类植物根本不需要像一般植物那样长根和枝叶来维持生存。

蕈类植物——蘑菇

蘑菇不会自己制造养料，它只能利用菌丝伸入土壤或腐烂的木头中，去吸取现成的养分来维持生命，所以蘑菇一般生活在阴湿温暖且富含有机质的地方。

小博士趣闻

如何鉴别毒蘑菇

鉴别蘑菇是否有毒，有以下几种方式。

一看颜色。有毒的蘑菇一般菌面颜色鲜艳，有红、绿、墨黑、青紫等颜色，特别是紫色的往往有剧毒，采摘后易变色。二看形状。无毒的蘑菇通常菌盖较平，伞面平滑，菌柄下部无菌托，上部无菌轮；有毒的蘑菇往往菌盖中央呈凸状，形状怪异，菌面厚实、板硬，菌柄上有菌轮、菌托，菌柄细长或粗长，易折断。三看分泌物。将采摘的新鲜野蘑菇撕断菌株，无毒的一般分泌物清亮如水（个别为白色），菌面撕断不变色；有毒的往往分泌物浓稠，呈赤褐色，撕断后在空气中易变色。四闻气味：无毒的蘑菇一般有特殊香味，有毒蘑菇常有怪异味。

揭秘自然界的植物世界

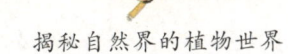

雨后蘑菇为什么长得特别快

夏季一场大雨过后，地上或者是朽木上会冒出许许多多的小蘑菇，摘掉之后，过几天又会冒出来。这是为什么呢？原来蘑菇的主要组成部分是菌丝，它们藏在地下或者是朽木里，而菌丝就像一张网，密密麻麻地遍布在土壤或者朽木上，吸收水分和养料。当这些菌丝吸饱了水分和养料后就会长出一个个小球，这些小球长得异常迅速，会渐渐撑起一把把小伞冒出地面，这就是我们平常看到的蘑菇。

可爱俏皮的面包树

面包树的果实"面包"很俏皮，它一点都不像别的果实一样乖乖呆在树枝上，有的会从树干上露头，有的会从树根上钻出，整棵树挂满果实的样子，真是可爱至极。在它的果实"面包"里有大量的淀粉，还有少量蛋白质和脂肪，以及丰富的维生素。而且用这种面包果还能酿出香甜诱人的果酱和果酒。

面包真的会长在树上吗

面包能长在树上，怎么可能？但植物的王国就是这么神奇，在南太平洋、巴西、非洲印度等地就生长着这样一种奇怪的树，它四季常绿，身形魁梧，高达10~13米，并且还是个高产户，一棵面包树能结果实60~70年，一年9个月的时间里都在勤劳地生产"面包"。圆圆的"面包"和食品店里的面包相差无几，将其放在火上烤，香味扑鼻，吃起来酸里透甜，很像面包的味道。这种树被人们亲切地称为"面包"树。面包树的果实小的有3~4斤重，大的足有30~40斤，这样大的面包还真很少见呢！

揭秘自然界的植物世界

猴面包树为什么被称为"生命之树"

热带草原气候终年炎热，有明显的干湿季节，干季时降雨很少。猴面包树为了能够顺利度过旱季，在雨季时，就拼命地吸收水分，贮藏在肥大的树干里。它的木质部像多孔的海绵，里面含有大量的水分，在干旱时，便成了人们理想的水源。它曾为很多在热带草原上旅行的人提供了救命之水，解救了因干渴而生命垂危的旅行者，因此又被称为"生命之树"。

非洲一宝——猴面包树

猴面包树的果实为长椭圆形，灰白色，长30～35厘米，纵切面约15～17厘米。果肉多，含有有机酸和胶质，吃起来略带酸味。既可生吃，又可制作清凉饮料和调味品。它的果肉里包裹着很多种子，种子含油量高达15%，榨出的油为黄色，是上等的食用油。种子还可与杂粮混合食用。

小博士趣闻

为什么靠近路灯的树落叶晚

在秋天落叶期，我们总会发现一个奇怪的现象，生长在路灯旁的树总是比其他地方的树叶子落得要晚一些，这是为什么呢？原来，当大树落叶时需要形成一种脱落酸，这种脱落酸的形成与太阳照射时间长短有很大关系。光照时间长，会产生少量的脱落酸，光照时间短，就会产生大量的脱落酸。在秋末冬初时节，日照的时间大大缩短，脱落酸就会大量形成，树叶就会纷纷落下，而生长在路灯旁的树木，由于在傍晚时分依然会继续享受到灯光的照射，就会减缓脱落酸的形成，这样靠近路灯的树落叶就会相对晚一些。

落叶为何背朝天

原来树木的叶子都是由细胞组成的，而靠近叶面的细胞结构紧密，密度大；靠近叶背的细胞疏松，密度小。由于地球引力的作用，在树叶落地时，密度大的一面先着地；叶背就朝上了。

揭秘自然界的植物世界

小博士趣闻

竹子长不粗

为什么竹子长得那样高大却长不粗呢？原来竹子和其他树木不一样，树木是木本植物，在树木的茎干中有形成层，会分裂出新的细胞，使树木长高长粗，竹子是草本植物，没有形成层，所以竹子只能在开始一段时间变得粗壮，到一定程度后，就不能再长粗了。

为什么竹子长得很快

在植物中，竹子堪称生长冠军。有些竹子每天可以生长40厘米，那么为什么竹子长得这么快呢？原来竹子的许多部分会同时生长。通常情况下，植物的生长都是依靠顶端分生组织中的细胞分裂、变大，而竹子却与众不同，它的分生组织遍布每一节，当竹子钻出肥沃的土壤，在温暖、湿润的天气里竹子的每一节的分生组织就会连续不断地产生新细胞，相邻竹节间的距离就会渐渐拉长。若每根竹笋有50节，那么它的生长速度就是其他植物的50倍。随着竹子的渐渐长大，竹节外包裹的鞘就会脱落，竹子就会停止生长。

为什么叫它"关门草"

"关门草"是一种很奇特的植物,它长得非常美丽,枝条摇曳多姿,婷婷玉立。它之所以叫"关门草",就是因为它会随着太阳的升起和落下开门、关门。在太阳没出来之前,它的叶子就像一扇小巧的门紧紧闭合。当太阳出来悬挂空中,它就会伸伸懒腰,打开小门,对着太阳微笑。在夜幕降临,太阳隐去时,它就会关上小门,进入香甜的梦乡。

关门草的神奇用途

关门草还是一种药材,它里面含有胡萝卜素和维生素A等成分,可以用来清热明目、消肿止痛。神奇的是,关门草白天采摘和晚上采摘的作用是完全不同的,白天采摘的可以用来治疗"夜眠症",晚上采摘的可用来治疗"失眠症"。

小博士趣闻

揭秘自然界的植物世界

为什么绿毛乌龟身上会长毛

长有绿毛的乌龟放置在大大的水缸里，柔软的绿毛会显得格外好玩。为什么绿毛乌龟身上会长毛呢？原来长在乌龟身上的绿毛其实是一些水生的低等植物——绿藻，包含钢毛藻和基枝藻等，这两种藻在基部生长着固着器，能稳稳地长在绿毛乌龟的背甲上。这些绿藻一般有3~4厘米长，并且繁殖的速度特别快，短时间内就可以遍布整个背甲。因为绿藻要进行光合作用吸取光照和养料，所以绿毛乌龟要常放在阳光下，以利于绿毛的生长。当然了，这些绿毛是不会伸入乌龟体内的，也不会伤害到它。

漫天飞舞的"白毛毛"

春姑娘到来，万物复苏，到了四五月份，我们就会发现空中飞舞着许多的"白毛毛"。你若细心观察，会发现这些"白毛毛"是从柳树或杨树上飞下来的，它们有一个真实的名字叫"柳絮"或"杨花"。在"白毛毛"里面会有一个小黑点，这就是它的种子，这些种子会随着飞舞的"白毛毛"飘洒到四面八方。

"毛毛虫"是杨树的花吗

春天到来，杨树身上会长出许多像"毛毛虫"一样的东西，咦？杨树身上怎么还会长虫子啊？其实，那不是虫子，虽然从表面上看去真像一条条绿色的毛毛虫，但它只是像而已，那是杨树的花。杨树可谓春天里开花最早的植物，它真是春姑娘忠心耿耿的使者。不要看不上杨树的花，虽然长得丑陋像"毛毛虫"，但它的用处可大着呢，妈妈会用它做好吃又营养的包子，并且它还能做成药材。在秋天的时候，杨树的叶子会变黄飘落，树上会有好多小芽芽，这些小芽芽外面被好几层毛茸茸的鳞叶包着，像穿上了羽绒服，冬天也不怕冷，等到第二年春天，这些小芽芽就会钻出来，那就是杨树开花啦，等花落下，杨树就会长出嫩绿的叶子来。

揭秘自然界的植物世界

马蹄莲中毒事件

马蹄莲的花，内含大量草本钙结晶和生物碱，误食会引起昏迷等中毒症状。其块茎、佛焰苞和肉穗花序有毒，咀嚼一小块块茎可引起舌喉肿痛。

小博士趣闻

马蹄莲为什么不能放在卧室

马蹄莲的花束宛如马蹄，形状非常奇特，而且散发着淡淡的清香。它的花语"爱无止境"——象征着温馨浪漫的爱意，正是如此，有许多年轻人喜欢将它放在卧室。马蹄莲宜栽种，且外形雅致，是一种常规的室内花卉。马蹄莲虽然拥有众多优势，但是能放在卧室吗？马蹄莲看似外表美观，而且看上去也无毒无害，但是不宜将它放在卧室，因为马蹄莲的块茎有毒，如果误食是会引发昏迷中毒现象的，严重者甚至致死。

无花果真的没有花吗

或许一听到"无花果"这个名字，大多数人都会认为无花果肯定是不开花的。若是这样，无花果可谓植物世界中的另类了。其实在植物的王国里，只有花没有果实的植物很多，可不开花就结果实的植物还真没有。无花果也是要开花的，大多数情况下，植物总会将花朵在枝头高高绽放，并露出花冠、雌蕊、雄蕊来吸引蝴蝶、蜜蜂等小昆虫来传授花粉。而无花果却表现出截然相反的状态，它将花静悄悄地藏在肥阔的花托里。球状花托会将花朵全身包裹得严严实实，只为传粉的小昆虫留下一个小孔，若不仔细看，还真的看不见！如果我们把无花果果实给切开，用显微镜仔细观察里面，就会发现有很多的凸起状物体，这些东西就是无花果的花朵。那它是怎样传播花粉的呢？这就要靠小山蜂了，小山蜂是种看不见的小昆虫，它可以钻进无花果里帮助传播花粉。

小博士趣闻

无花果一年开两次花

在大地回春时，无花果会抽枝发芽，在叶腋间生出花来，在秋高气爽雨水充足时，它的枝条又开始伸展，叶腋间又会生出花来。

揭秘自然界的植物世界

为何百岁兰"永不落叶"

生活在安哥拉海岸沙滩上的百岁兰，一生只长两片叶子，并且这两片叶子一直伴随整个植株，能够生长一百多年。它的个头很矮，不到20厘米，叶子是相对而生，可长到3米长。宽大的叶子爬在地上，像巨大的丝绸带。为什么这两条"丝绸带"不会落呢？原来，百岁兰的根直且深又粗壮有力。能充分吸收地下的水分，在地面上形成大量海雾，大量的露水会不停落下，这样叶片就会永久保持湿润，所以整个植株一年到头都保持着活跃的生存状态，那两片大叶子更不会因缺水而凋落。

"永不落叶"的万年青

万年青一年四季都是绿的，但是若仔细观察就会发现，它是掉叶子的。不过8~10年，万年青的老叶子就会从尖端渐渐枯黄、掉落，只是这种凋落不易被人察觉。

小博士趣闻

纺锤树为什么要贮藏水分

在南美洲的巴西高原上，生长着这样一种植物，它两头细，中间特别粗大，最粗的地方直径可达5米，它高30米以上，远看就像一个巨大的纺锤插在地里。它就是纺锤树，又叫瓶子树。它的长相与其生活环境有很大关系。因为巴西高原地处热带雨林和稀树草原之间，一年之中既有雨季，也有旱季，但是雨季很短，所以纺锤树必须贮存充足的水分让自己度过漫长的旱季。于是每到旱季，纺锤树就依靠它像纺锤一样的躯体来贮存水分。通常情况下，一棵纺锤树能够贮藏2000千克水。这种很独特的形体就是纺锤树为了使自己能够在如此特殊环境下生存下去不断进化的结果。

揭秘自然界的植物世界

小博士趣闻

茯苓的功效

茯苓性味甘淡平，入心、肺、脾经。具有渗湿利水，健脾和胃，宁心安神的功效。可治水肿胀满，痰饮咳逆，小便不利，呕逆，恶阻，遗精，淋浊，泄泻，惊悸，健忘等症。

茯苓是植物的块根吗

茯苓是很有名气的药用植物，它的样子长得也很喜庆，像甘薯一样。它常常长在松树根的旁边，有时候很难将它和松根区分开来。茯苓是多孔菌科植物茯苓菌的干燥菌，而不是植物的块根。它常常寄生在赤松或者马尾松的根上。所以，在夏日清晨的松林中会看到一些雾状白霉及笔状的长丝，这些就是茯苓的菌丝和孢子，当发现这些之后，人们才能断定下面有茯苓的菌核，然后采挖出来以供药用。

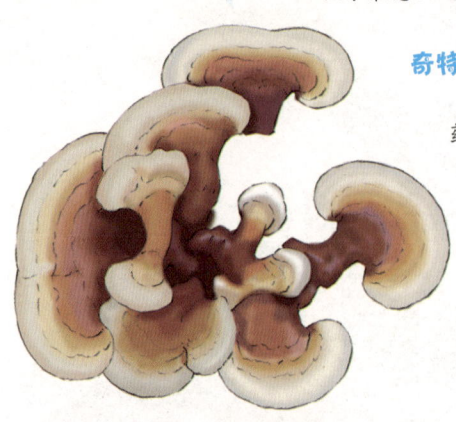

孩子最感兴趣的十万个为什么

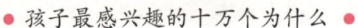

奇特的灵芝

灵芝不但是很好的草药，还可用来观赏。与一般的蘑菇菌相比，灵芝的形状很奇特：它的菌伞不像普通蘑菇菌伞那样呈圆形而是呈肾形，并且它的菌柄不是长在菌伞中央而是生在菌伞一旁。灵芝富含角质，质地非常坚硬，不易腐蚀。

小博士趣闻

灵芝是仙草吗

对于灵芝，民间涌现过许许多多的传说和神话，说它是一种仙草，食用之后能够起死回生，治疗百病并且还能够长生不老。听起来如此神奇，那么灵芝究竟是怎样一种东西呢？科学检测，我们所知道的灵芝种类大部分属于真菌的担子菌类低等植物。其实它们跟蘑菇一样，本体是菌丝，所谓"灵芝"部分是它的菌丝所形成的子实体，用来产生"孢子"进行繁殖，它们不含叶绿素，不能进行光合作用，而是寄生在活着或死亡的有机体上，吸收现成的营养，过着寄生或腐生的生活。经科学分析和实验，灵芝确实含有一些药用成分，有一定药效。能起到滋补、强身、健脑的作用，但灵芝绝不是什么仙草，更不会使人起死回生、长生不老。

揭秘自然界的植物世界

黄连为什么特别苦

有句俗语形容黄连："哑巴吃黄连，有苦说不出。"那么黄连为什么这么苦？有人做过一个实验，将黄连的根放置在清水中，一会儿清水就会变成淡黄色，原来这种黄色的东西叫做"黄连素"，是一种生物碱。其实很多植物体内都会含有生物碱，例如麻黄、罂粟等。由于植物种类不同，以及各地生存环境的差异，植物体内的生物碱含量也大为不同。那么黄连如此之苦是不是这种生物碱——黄连素的巨大"功劳"呢？有人做过一个实验，将黄连素以1∶250000的比例与水混合，结果发现水溶液仍然有苦味，可见它的苦绝对名不虚传。

小博士趣闻

黄连的药用

黄连作为药材被人们所使用，主要是因其含有黄连素，在黄连的根茎中含有约7%的黄连素。黄连素能对抗病原微生物，可以抑制许多细菌，如痢疾杆菌、结核杆菌、肺炎球菌、伤寒杆菌及白喉杆菌等，其中对痢疾杆菌作用最强，常用来治疗细菌性胃肠炎、痢疾等消化道疾病。

甘草为什么是甜的

大家知道吗,甘草有一个外号叫"国老",所谓"国老"就是皇帝的老师,连皇帝都要听它的,可见甘草地位实在是高。甘草是豆科植物,多年生草本。甘草为什么特别甜呢?原来甘草中含有一种甘草甜素,在水中非常容易溶解,即使是用10000多单位的水来冲淡1个单位的甘草甜素,仍能尝出甜味来,更何况,甘草中含有大量的甘草甜素约高达14%。可见,甘草的甜绝对不容小觑。甘草能表能里,可调和众药,通行十二经,解百药毒。并且甘草还可以润肺止咳,消除咽痛,强壮筋骨,补虚损等。

揭秘自然界的植物世界

熟地黄的炮制

　　熟地黄不是将生地黄煮熟而成的，而是需要用酒炮制。将生地黄加酒拌匀，在蒸笼上蒸透，晾干再蒸，反复蒸晒至"光黑如漆，味甘如饴"才算成功。

小博士趣闻

洋地黄与地黄一样吗

　　洋地黄和地黄名字虽然很像，但却是同科不同属的植物。洋地黄原产地在西欧，地黄原产地在我国河南，它们的药理作用完全不一样。地黄的干品就叫生地黄，用酒炮制后就变成熟地黄。中医上将生地黄和熟地黄严格区分，大家熟知的"六味地黄丸"中就必须用熟地黄，绝不能用生地黄来代替。而洋地黄与地黄则完全不同，洋地黄的叶中含有强心成分，可作为一种非常重要的强心剂。所以，洋地黄万不可乱吃。

天麻为什么既没有根也没有叶

天麻在我国是一种非常珍贵的药材，有"神草"之称，它的生长过程非常神秘，并且它还具有一副特殊的形态。在初夏阴湿的山林间，地面上会冒出一些细小的红色花穗，穗顶端布满一些红黄色的小花，不到一米长的杆子在空中摇曳，像一支支出土的小箭，有人叫它"赤箭"。花开之后会结出一串果子，并且每个果子里都孕育着上万粒种子。采药人会顺着这根"赤箭"向下追，能够挖出一些像鸭蛋、花生等大小的块茎，但却找不到一条根，这些块茎就是天麻。那么既没有吸水分和无机盐的根，又没有进行光合作用的叶，天麻是怎样长大的呢？原来，天麻竟靠吃菌来生长，真是奇特的食菌植物！在天麻的细胞里有特殊的酶，它能够吸收并消化钻进块茎里的菌丝，就是靠这些真菌，天麻没有根和叶一样生长得很好。

吃菌高手天麻

在阴湿的树林中随处都生活着蜜环菌，这种真菌的菌丝体以吸收其他植物的养分为生，能够腐烂木材，但它再怎样厉害当遇到天麻时就变成了天麻的囊中之物，被天麻快乐地消化吸收。只要有阴湿的环境再加上蜜环菌的喂养，天麻就可以实现人工栽培。

小博士趣闻

• 揭秘自然界的植物世界

你知道"苍耳"吗

你小时候玩过这种小东西吗？它有蚕豆那样大小，绿色的，身上长满带钩的刺，像刺猬一样，只要你碰到它，它就会死死粘在你的身上不下来，像一个调皮的捣蛋鬼。这就是苍耳的果实。苍耳是农田里的杂草，它把果实粘在你的身上，是想请你帮它传播种子。苍耳的果实会粘在各种物体上，这样它就可以免费旅行。当某一天它落到了泥土中，在来年春天就会长出小苗来。

小博士趣闻

苍耳的功效

苍耳又名卷耳，一年生草本植物，嫩苗可食用。果实叫"苍耳子"。我们可以买到炒制的苍耳子，但不要食用生的苍耳，生品有毒。

艾灸与艾条

艾灸所使用的艾条就是将艾叶捣碎成艾绒加工而成，在艾灸室中通常闻到的香味，就是燃烧艾绒时散发出来的。

菖蒲和艾叶为什么可以杀菌

在日常生活中，人们会烧艾叶或菖蒲熏屋来杀菌，那么菖蒲和艾叶真的可以杀菌吗？艾是菊科类植物，叶子背面有灰白色绒毛，菖蒲是天南星科植物，多年生水生草本。在它们的茎和叶子中都含有可挥发的芳香油，经熏烤后，会散发到空气中。农历五月天气变暖，病菌开始滋长，此时用艾叶和菖蒲熏烤一下，大有益处。

● 揭秘自然界的植物世界 ●

洋金花为什么可以麻醉

　　洋金花又名曼陀罗花，是一种一年生草本植物。它的踪迹遍布青藏高原、东北临海一带、海南椰岛等地，也有人工栽培。它春生夏长，八月开白花，朝开夜合。人吃了洋金花就会昏昏欲醉，这是为什么呢？原来在洋金花的植物体内含有一种叫做东莨菪碱的麻醉物质，这种物质生物活性很强，对人的神经有极强的亲和力。对于人类的大脑来说，信息的传递必须依靠神经末梢释放递质，与另一个神经细胞表面的受体结合，才能发挥作用。当东莨菪碱进入人体后，会抢先占据神经细胞表面的受体，使递质无法与受体结合而发挥作用。当大脑神经细胞间的信息传递受到阻断，人就会失去知觉和意识。洋金花就是这样来麻醉人的。

麻沸散

　　相传名医华佗，制作麻醉剂——"麻沸散"为病人施行一些剖腹、割肠等手术。麻沸散中的主药就是洋金花。

为什么雪莲不怕严寒

雪莲是极其名贵的中药草之一，它生长在我国终年积雪的西北天山一带。那里环境极其恶劣，气候极度寒冷，温度在零度以下，且山风猛烈，一般植物是无法存活的，但雪莲却傲然挺立。为什么雪莲不畏严寒？原来雪莲的植株非常矮小且茎又粗又短，叶子贴着地面生长，上面布满着可以防寒、防紫外线、抗风的白色茸毛。同时，雪莲的根系非常发达，能够延伸至地下吸收水分和养料。在七月，雪莲花就会盛开，在美丽的花冠外还包裹着几层膜质苞叶，像给花朵穿上了洁白的裙子，既可防寒又可保持水分。

百草之王、药中极品

雪莲，又称雪荷花，由于生长环境特殊，雪莲要3~5年才能开花结果，它傲然生长于天山山脉海拔4000米左右的悬崖陡壁之上、冰渍岩缝之中。人们奉雪莲为"百草之王"、"药中极品"。

揭秘自然界的植物世界

为什么腊梅在冬天绽放

大多数植物都在春天和夏天开花，可是腊梅却与众不同。它在温暖的季节里只长叶子不开花，偏偏要到寒冷的冬天才会开花。原来，各种花都有不同的生长季节和开花习惯。腊梅不怕寒冷，0℃左右是最适合它开花的温度，所以腊梅总是要到冬天才开花。那么，先开花、后长叶的植物有哪些呢？除了腊梅之外，迎春、白玉兰和榆叶梅等，也是先开花后长叶的。

小博士趣闻

腊梅的观赏应用

腊梅在霜雪寒天傲然开放，花黄似腊，浓香扑鼻，是冬季观赏的主要花木。

如何寻找猪苓

　　猪苓是多孔菌科猪苓的干燥菌核，是真菌类药用植物。它喜欢凉爽的气候、肥沃的土壤，大多生长在桦树、橡树、枫树等山林中，分布在我国的大部分地区。在夏天的时候，猪苓的实体就会从地下菌核内抽出来，菌柄会长出很多枝，在每枝顶端都会有一个菌盖。菌肉洁白且薄。猪苓长时间隐居于地下，只在子实体开放时露露头。所以找到猪苓也是一件技术活儿。在猪苓内还有一种葡萄糖的多糖体，这是一种非特异性细胞刺激免疫剂。

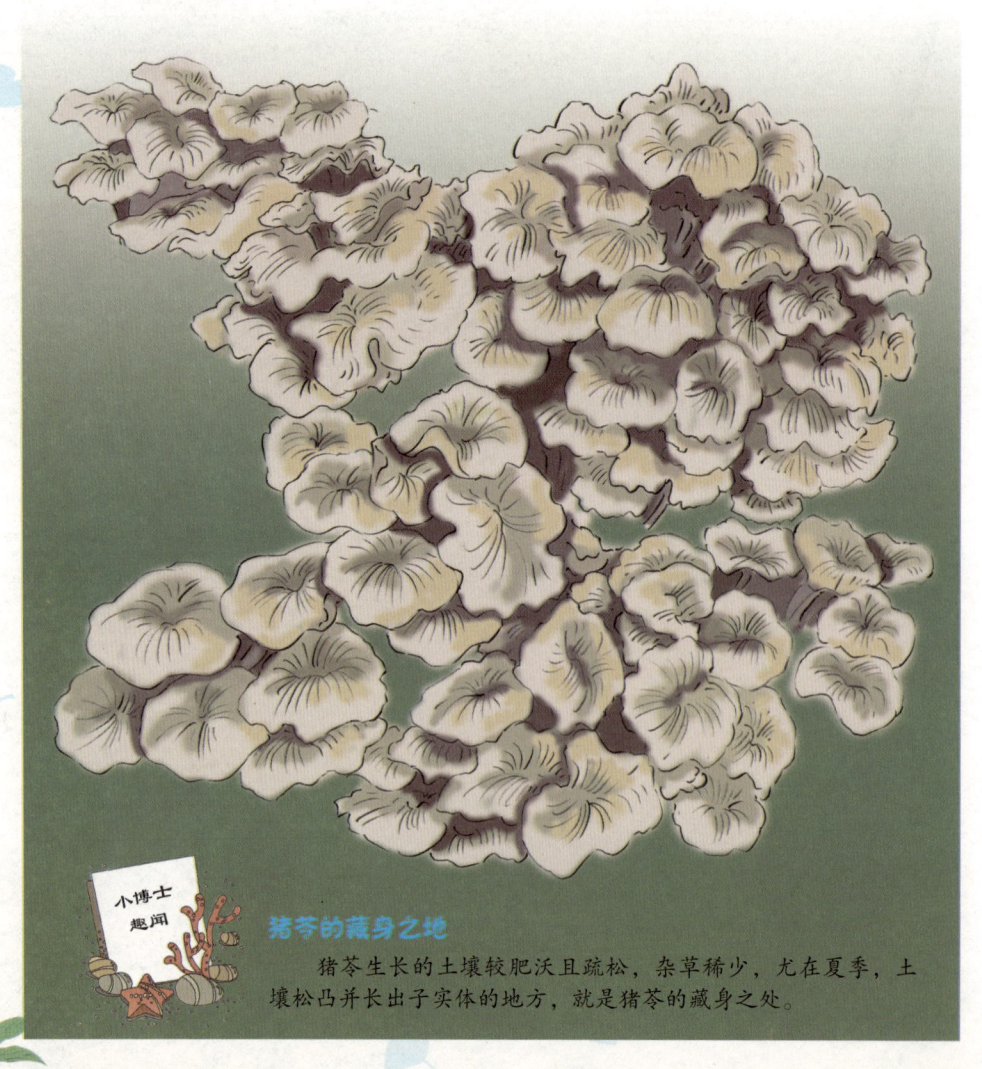

猪苓的藏身之地

　　猪苓生长的土壤较肥沃且疏松，杂草稀少，尤在夏季，土壤松凸并长出子实体的地方，就是猪苓的藏身之处。

揭秘自然界的植物世界

用来美容的黄瓜

你知道吗？黄瓜可是上好的美容植物。植物学家研究发现，在黄瓜体内含有多种糖类、氨基酸和维生素等，能够为皮肤和肌肉提供充足的养分，防止皮肤老化，减少皱纹。美容时可将黄瓜切成薄片敷在脸上，或用黄瓜汁涂抹面部，既可以舒展面部皱纹、祛除黑斑，还可以清洁保湿皮肤。

小博士趣闻

为什么黄瓜会变苦

黄瓜水分充足，是人们非常喜欢的一种蔬菜，有时候人们也会把它当做水果食用。可有时候黄瓜吃到尾部会有一股苦味，苦得舌头发麻，这是为什么呢？原来黄瓜属于葫芦科植物，它的祖先"野生种"就含有苦味物质——葡萄贰，当然人类在培育过程中逐渐栽培出肉脆味甜的黄瓜，但是在纷杂的植物中往往会有个别的植株会出现"返祖"的现象，即表现出"祖先"的性状。所以就出现了苦黄瓜。也就是说，这种苦味是祖先遗传下来的。

为什么马铃薯是茎而白薯是根

马铃薯和白薯长相相似，可却是植物的不同部分。一般植物是由根、茎、叶、花、果实、种子构成，并且我们会很容易区分出是哪一部分。可是像马铃薯和白薯我们就不易区分了。先来观察马铃薯，我们会发现在它表面会有很多小小的坑，坑里有芽，坑边有一道像眉毛的痕迹，坑和痕被称作芽眼，芽眼在马铃薯上有次序排列。芽眼里的芽能够长出枝叶来，这就是多数茎的特征，所以说马铃薯是茎。而白薯虽也能长出芽，但它的芽的位置非常凌乱，没有任何的排列顺序，也没有像马铃薯那种叶子的痕迹，所以这就是根的特征，故白薯是根。

● 揭秘自然界的植物世界 ●

发芽的马铃薯为什么不能吃

马铃薯就是我们爱吃的土豆，在它的块茎上有很多芽眼，在每个芽眼里都会有一个芽，顶端会有一个顶芽。马铃薯在收获后会有两三个月的休眠期，在这期间马铃薯是不会发芽的，所以平时我们不常看到。等过了这个时期后，一些马铃薯的芽眼里就会长出嫩芽来。在发芽的芽眼周围会产生一种名叫龙葵碱的剧毒物质，人食用后就会中毒，出现呕吐、发冷等症状，所以发了芽的马铃薯不能吃。

消除土豆里的毒素

毒素是因为芽的萌发而产生的，所以毒素聚集在芽眼附近。如果马铃薯已经发芽，那就不能再食用了。

小博士趣闻

99

为什么梅子特别酸

由梅子制成的小食品有很多种，比如话梅、陈皮梅、青梅等。这些梅子吃到嘴里又酸又甜甚至还有点咸味，它们都是将梅子晒干后用糖或者盐水浸泡制成。但是我们会发现，即使是用糖水浸泡过的梅子吃起来还是特别的酸，这是为什么呢？因为在梅子里含有很多有机酸，比如酒石酸、单宁酸、苹果酸等，随着梅子的成熟，有些酸会分解，也有的会转化成糖，但是这些有机酸比其他水果的含量仍要高很多，所以它就会比其他的水果酸很多。"望梅止渴"的故事就是说人们想到梅子后就会嘴里酸得流出口水，这样就不渴了。

小博士趣闻

梅子可做药用

梅子可生吃也可利用它的酸味来制成各种好吃的食品。将半黄的梅子经过烟熏制成的乌梅，就是一种很好的中药。

揭秘自然界的植物世界

菠萝为什么要用盐水泡一下才能吃

菠萝是一种多年生草本植物，叶子呈剑状，边缘有锋利的刺，是著名的热带水果，原产地在美洲巴西，我国在17世纪开始引种栽培。菠萝果肉含有丰富的糖分和维生素C，还有一些有机酸，如苹果酸、柠檬酸等。为什么吃菠萝时要先用盐水泡一下呢？这是因为菠萝肉里含有一种"菠萝酶"。这种酶能够分解蛋白质，可以增进食欲，但对我们的口腔黏膜和嘴唇幼嫩的表皮有刺激作用，而食盐可以抑制菠萝酶的活动，所以在我们吃新鲜成熟的菠萝前先用盐水泡一下，就可以控制菠萝酶对我们口腔黏膜和嘴唇的刺激，并且还会感觉到菠萝更为香甜可口。

小博士趣闻

适量食用菠萝

菠萝酶是一种蛋白酶，能够分解蛋白质，所以吃菠萝后会增加食欲，但过多的菠萝酶会对人体产生副作用，所以吃菠萝时应注意方法，并适量食用。

西瓜的特性

西瓜从西域传入，故称"西瓜"。它的祖先生活在非洲干燥的草原。至今西瓜仍保留着祖先遗传的特点，它叶子上长有茸毛，有蜡质，抗旱植物，西瓜喜晴朗炎热干燥的气候，若遇到多雨天，西瓜就不开心，长不好，也不甜。

怎样鉴别西瓜的生熟

在炎热的夏季，吃个清甜的西瓜真爽啊！可当你满心欢喜地切开西瓜，却发现没熟时就太扫兴了。怎样才能鉴别西瓜的生熟？首先要看西瓜的瓜皮上有没有绒绒的毛，看起来是否透光发亮，果梗旁边的卷须是否枯萎，瓜脐向里面凹陷，再把西瓜与土地接触的一面翻过来看看是不是已经变成黄色，若是黄色，则这样的瓜一般情况下都是熟瓜。另外，有经验的人用手指在瓜面上弹两下，通过听瓜发出来的声音就能判断瓜是生还是熟。通常情况下，发出沉闷声音的瓜是熟瓜，若声音像敲木鱼一般则是生瓜。还有一种方法就是将瓜放在水里，若瓜不往水里沉，而是往上浮，则绝对是熟瓜了。

揭秘自然界的植物世界

为什么甘蔗下部比上部甜

甘蔗真是"糖棍子"。在口渴时吃根甘蔗真是爽快。吃甘蔗时人们会发现，越接近根部就越甜，而梢头却淡然无味，这是为什么呢？原来甘蔗和其他植物一样，在生长过程中会制造出许多养分，供自己生长使用，若一时用不了就会储存起来，甘蔗会把多余的养料贮存在根部，而甘蔗身体里制造的养分多是糖，所以甘蔗接近根部的地方就会很甜。另外，甘蔗近根处甜而梢头淡还有一个原因。大量的水分要从甘蔗叶子中蒸腾出去，甘蔗梢头部分就会保持着大量的水分，水分总是离梢头越近越多，离根部越近越少。这样梢头的甜味就会更淡。

为什么将果树矮化可以增加产量

是不是长得高的果树才会硕果累累？当然不是。高个儿的果树，其养分运输的路程会很长，在这个过程中会损耗掉很多能量，所以高个的果树不见得就能高产。相反，若将果树矮化，几棵密植的小树树冠比一棵稀植的大树树冠面积大，这样，叶片就能吸收更多的阳光，阳光的利用率高了，叶子就能更多地制造有机物质，营养增多，矮个果树就能多结好多果子。同样，几棵小树根的吸收范围大于一棵大树根的吸收范围，从地下多吸收的营养和水分输送到小树身体各部分，又为小果树增添营养和力量，并且矮个的果树由于个子矮，运输路程很短，这样损耗的能量就很少。所以，矮个的果树吸收营养的面积大，光能利用高，消耗少，积累多，自然产量就高。

果树要定期修剪

首先果树的发枝能力很强，修剪可解决果树发枝和光照的矛盾。其次各类果树有不同的结果特性，修剪枝条是为了培养能结果的理想枝条。另外，果树需要坚强的枝干才能担住果实，这就需要通过修剪去培养强壮的树形。最后，修剪枝条可以减少病虫的危害。

揭秘自然界的植物世界

为什么切开的苹果一会儿就变黑

切开的苹果放置一段时间后,就会发现新鲜的果肉渐渐发黑了,这是为什么呢?原来被刀切开的苹果表皮以及内部充当"保护墙"的薄膜破裂,氧气就会进入水果内部,这样氧气会与水果中的一些化合物发生反应,将化合物氧化。因为很多化合物被氧化后会呈现棕黑色,所以苹果被切开的部位就会变成黑色了。若想防止苹果变黑,可以使用柠檬酸,将苹果片放入柠檬汁中浸泡一下,因为柠檬酸这种物质非常容易被氧化,所以可用它来清除掉氧气,这样苹果就不会发黑了。

切开的茄子会变黑

在茄子里面有一种物质叫做单宁,它有一个特点,就是在空气中氧化后会变成黑色。所以当茄子切开后,单宁就会露出来与空气中的氧气结合发生化学反应,时间一长就会变成黑色了。

小博士趣闻

105

为什么不要扔掉橘子皮

橘子是一种非常可口的水果,酸里透甜,并且它的营养价值非常高,含有极丰富的维生素,能抵抗传染病,还能预防坏血病,从而促进血液的形成。人们吃橘子时常常随手就丢掉橘子皮,其实这样做是很可惜的,因为橘子皮里也富含多种维生素,将橘子皮洗干净后,用开水泡着喝,能够帮助消化,并且橘子皮还是一种中药,能治疗多种疾病。其实在我们生活中就有用橘子皮做成的小食品,比如老少皆宜的陈皮。

揭秘自然界的植物世界

为什么霜降后的青菜会比较甜

为什么霜降后的青菜会比较甜？这是因为青菜中都含有淀粉，但是淀粉并没有甜味，也不易溶于水。到了冬天，青菜的淀粉在体内淀粉酶的作用下，变成麦芽糖，麦芽糖经过麦芽糖酶的作用，就会变成葡萄糖，而葡萄糖是甜的，并会迅速溶解于水。霜降后青菜变甜，是由于淀粉变成了葡萄糖的缘故。

青菜为了过冬要变甜

其实霜降后，青菜变甜是为了度过寒冷的冬天，大家知道，一旦水溶解了一些别的东西后，就不太易受冻结冰。所以，当淀粉变成葡萄糖，溶解在水中时，青菜的细胞就不会被冻坏，可以安然度过冬天。

小博士趣闻

107

杧果为什么被称作"热带果王"

杧果是著名的热带水果，味道特别，香甜可口，被誉为"热带果王"。杧果原产于亚洲南部的印度和马来半岛。随后被逐渐移种到热带、亚热带的一些地区。杧果成熟在每年的5~7月份，成熟的杧果颜色多呈金黄，有些果皮上会泛起红晕，看起来非常惹人爱。杧果的味道也很特别，兼有菠萝、柿子和蜜桃三种滋味，富含蛋白质、糖、粗纤维等，营养价值很高。

杧果的生活环境

杧果属于漆树科杧果属。是一种常绿乔木，高可达20米。性好温暖，一般在年平均气温22℃以上，无霜雪的地方安家，对雨量要求不高，但要求雨水最好分布在5~11月，在2~3月开花结实期要求旱季，少雨、无强风。

揭秘自然界的植物世界

草莓外面的小黑点是什么

草莓长得就像水果中的小公主，吃起来更是酸甜可口，美味极了。可是在每一颗红红的草莓身上，却长着一粒一粒黑色的"小雀斑"，在它们的点缀下，草莓显得更加可爱。草莓没有籽，那么外面的"小雀斑"是不是草莓的种子呢？很多人都以为这些"小雀斑"就是草莓的种子，其实不是的。那一粒一粒的黑色小点，恰恰是由草莓的子房所生长出来的小"果实"，我们食用的部分则是花托。而草莓真正的种子，就隐藏在一粒一粒的小"果实"中，你若不信，不妨拿根针来挑挑看，看看里面是不是包着一颗种子。

小瘦果

我们平时所说的草莓实际上是雌蕊受粉后快速膨大的花托，而真正的果实，是附在花托上的小黑点，它的真正名称是"小瘦果"，每一枚小果实都是由一个雌蕊经受粉而形成的。

小博士趣闻

109

孩子最感兴趣的十万个为什么

为什么藕断丝连

将藕从中央折断，会看到仍有许多细丝在牵连着。这是为什么呢？将折断的藕放在显微镜下细细观察，会看到藕中运送水分养料的导管内壁上有许多螺旋状的增厚部分，它们盘曲在一起犹如弹簧一样，生长着这些"弹簧"的导管被称为螺纹导管，拉出来的藕丝就是这些拉长了的"弹簧"。在折断藕时，这些导管不见得就一定会断，所以会藕断丝连。

小博士趣闻

藕上的小洞洞

人要呼吸才能生存，植物也如此，藕在自己肚子上会长出许多小洞，这些小洞跟荷叶梗连在一起，荷叶梗中间是空的，长长的管会直通向荷叶里头，荷叶上还有许多气孔，这些气孔其实和人的嘴巴、鼻子一样，通过这些气孔、荷叶梗和小洞洞的呼吸，荷花才会长大。

揭秘自然界的植物世界

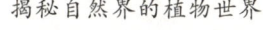

晒干的洋葱为什么还能发芽

有句歇后语说:"屋檐下的洋葱头——皮焦肉烂心不死。"可见洋葱的生命力是多么顽强。洋葱可谓植物里最能穿衣服的,它的衣服可真多,一层又一层,不止是"里三层外三套"。人们常常把洋葱晒干了贮存起来,等到来年,洋葱照样可以发芽存活,这是为什么呢?原来这跟洋葱的构造是有紧密关系的,洋葱最早生活在干旱燥热的沙漠,这里极度缺水,洋葱为了生存下去,就非常珍惜自己获取的点点水分和养料,它用一层又一层鳞片像穿衣服一样把自己包裹起来,这样就保存了稀缺的水分。它的那些薄而紧密的多层鳞片会使洋葱头在一年的时间里不会干枯,哪怕是把它贮藏在热火炉旁也是没有问题的。

切洋葱会流泪

洋葱体内含有一种挥发性油,这种油里含有一种氨基酸亚砜的有机分子。剥切洋葱或者碾碎洋葱的组织会释放出蒜苷酶,它可以将这些有机分子转化成次磺酸。次磺酸随即又自然地重新组合形成可以引起流泪的化学物质——合丙烷硫醛和硫氧化物。

茭白会开花吗

在我国长江以南的苏州和无锡等地生长着一种蔬菜叫做茭白，你信吗？我们吃到的肥嫩的茭白竟是得过一场病以后才长成这个样子的。春天，茭白的匍匐茎开始长出新株来了，到了初夏或秋季，开始长出花茎。此时，往往有一种黑穗病菌侵入茎内。这种病菌在茎中发展，刺激茎内的细胞增多而膨胀，形成肥大的嫩茎，这就是我们食用的茭白。那么茭白会开花吗？当然会的，只是因为人们栽种茭白目的是为了吃它的嫩茎，不等它开花就已经把它拔起来，所以我们就很难看到它开花。它的花呈淡紫色，雌雄花长在同一株上，上部是雌花，下部是雄花。

茭白的果实

茭白的果实呈狭长的圆柱形，称为菰米，又称雕胡米，既可以食用又可作药用，在止渴、润肠胃方面有很好的效果。

揭秘自然界的植物世界

胡萝卜也叫"小人参"

胡萝卜营养价值非常高，含有丰富的维生素A，维生素A可以促进人体发育，骨骼生长和脂肪分解、角膜营养等；胡萝卜中还含有大量的糖分和淀粉，这些是人体所必需的能量；另外，胡萝卜还含有维生素B、维生素C、氨基酸等物质，所以胡萝卜又被称为"小人参"。

小博士趣闻

胡萝卜为什么富含营养

胡萝卜是一种历史悠久的蔬菜，它由小亚细亚传入我国，胡萝卜的根颜色越红，富含胡萝卜素越多，胡萝卜素对热的影响很小，不像其他的蔬菜，如果烹调不当，营养物质就会所剩无几，胡萝卜经炒、煮、蒸后，仅有少量胡萝卜素会遭到破坏，所以胡萝卜是一种熟食或生吃都富含营养的蔬菜。另外，胡萝卜的根里还含有一种挥发油，能产生一种芳香气味，可以帮助消化和促进新陈代谢，有益身体健康。但由于这种芳香油稍带药味，所以很多人不爱食用胡萝卜。

为什么称菠菜为"菜中之王"

很久以前阿拉伯人就将菠菜称为"菜中之王"。这是因为菠菜的营养价值非常高：每千克菠菜中含有24克蛋白质、1030毫克钙、3克脂肪、380毫克维生素C及丰富的铁质。菠菜中维生素C的含量比西红柿高一倍还多，胡萝卜素含量与胡萝卜不相上下。100克的菠菜就能满足一个人一天对维生素C的需求，并且菠菜中富含酶，能促进胰腺分泌，助消化。菠菜营养如此丰富，几乎没有哪一种蔬菜可以取代它的位置，常吃菠菜可以预防因维生素缺乏而引起的身体疾病。菠菜非常适合老人、儿童及病人食用。

● 揭秘自然界的植物世界

为什么雨后春笋长得特别快

在春天，尤其是春雨过后，竹笋会长得特别快，甚至在几天的时间内就会长成高高的竹子。为什么雨后春笋就长得特别快？原来竹子属于禾本科常绿植物，有生长在地下的地下茎，这种地下茎是横着长的，中间空，跟地上的竹子一样有节，并且节密而多，在节上还有许多须根和芽。在春天气温升高时，地下茎节上的芽就会向上生长，并升出地面，此时土壤较干燥，水分匮乏，春笋长得较慢，若来一场大雨，土壤中水分增多，春笋就会像箭被射出来一样，纷纷窜出地面。

小博士趣闻

竹笋的"大小年"

竹笋生长需适宜的气温、足够的水分、充足的养分。当条件适宜，地下茎上的小芽就会萌发成竹笋，长得壮实，这年竹笋就会丰收，也是竹笋的"大年"，此时土壤中营养几乎被消耗殆尽，于是在第二年，小芽就没有充足的养分，就不能萌发成竹笋，也就是竹笋的"小年"。

为什么山楂营养很丰富

山楂在秋季成熟，带有酸味，我们平常吃的糖葫芦就是用山楂做成的，山楂果非常小但却有非常丰富的营养。首先，山楂中各种营养成分的含量几乎在其他所有落叶果树的果实之上，我们就拿世界四大水果之一的苹果与山楂相比，山楂的含铁量是苹果的7倍，含钙量是苹果的7.8倍，胡萝卜素是苹果的10倍，核黄素是苹果的5倍，抗坏血酸几乎是苹果的17.8倍。其次，山楂还可以做药材，还可以用来泡茶，有清热、增进食欲的功能。最后，山楂的吃法多种多样，可以生吃，也可以制成果汁、山楂糕、冰糖葫芦、果酱等。

吃水果要适量

水果虽对身体有益，但也不是吃得越多越好。比如李子和杏等水果中含有大量的草酸、金鸡纳酸等物质，这些酸在人体内难以被氧化分解，会导致人体酸碱度失衡，吃得太多还可能中毒。

● 揭秘自然界的植物世界 ●

海带是植物的叶子吗

　　海带属于低等植物，与一般的陆地开花植物不同，海带有很特别的繁殖方式。我们可以看到，海带既没有茎又没有枝，只有长长的、大大的叶子。海带不开花，它是用孢子来繁殖的。海带的叶子会在生长的过程中，长出许多像口袋一样的孢子囊，囊里会长出许多孢子，待海带成熟后，孢子囊就会自动裂开，孢子便会从水中游出，孢子身上有两条鞭毛，可以四处游动，当它游至海底岩石上后，就会在那里安家，慢慢长出新的海带。

褐色的海带
　　海带又被称为"海底森林"。长度一般在三四米左右，呈棕色。海带体内含有褐色素，也含有叶绿素，只不过褐色素含量较高，浓度太大，把绿色遮住了。海带也靠叶绿素进行光合作用，所以海带多生活在浅海中。

小博士趣闻

为什么一些南瓜蔓上只开雄花

南瓜蔓上常常开出好多耀眼的黄色大花，非常热闹。但它们并没有结成瓜，人们才发现这些花竟全是雄花，没有雌花，这是为什么呢？原来，我们看到的那些花大都是在初夏盛开、喜低温的雄花，由于气候不适合雌花的生长，雌花就不会开放，这样雄花的花粉就传授不到雌花的柱头上，就不能孕育出南瓜来。如果我们种瓜的季节偏后，到了花开放时，瓜苗还未完全成熟，就很可能只开雄花，若土壤缺少肥料没有营养，瓜蔓上也只见雄花不见雌花。

小博士趣闻

南瓜是虫媒花

南瓜蔓上的开的花分雄花和雌花，若要结出南瓜，就需要蜜蜂、蝴蝶等昆虫做"媒人"，将雄花的花粉传授到雌花的花柱头上。

揭秘自然界的植物世界

为什么香蕉不可以在冰箱中存放

香蕉原产热带，对低温非常敏感，它储存的最佳温度是13℃。若低于这个温度，香蕉皮就会变成暗灰色，果肉变得僵硬，口感很差。这是因为香蕉被采摘后仍可进行呼吸作用，处于合适的温度（6℃~13℃）时呼吸作用还会加强，并出现呼吸高峰，此时，香蕉会产生一种果实催熟剂——乙烯，这标志着香蕉的成熟。在香蕉成熟后，其外表会变黄，果肉变软，香甜可口。

小博士趣闻

香蕉用地下块茎或者嫩芽来繁衍后代

果农在栽培香蕉时，常常将香蕉的地下块茎切成小块，分别种在土里，每一块都会发芽，长出新的香蕉树，也可以将香蕉树接近地面处的嫩芽摘下来，种在土里，这样也会长出新的香蕉树。

为什么柿子有的甜有的涩

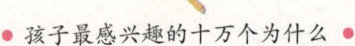

柿子一般分为甜柿子和涩柿子两类。柿子的果肉里含有一种叫做"单宁"的物质，人们吃到嘴里后就会感觉到涩味。甜味果实中的单宁细胞多数是不溶性的，所以人们吃果实时，单宁不会被唾液溶解，就没有涩味。而涩柿子中的单宁细胞多是可溶性的，这样单宁细胞被唾液溶解后，人们就会感到强烈的涩味，所以柿子有的甜，有的就涩。没有完全成熟的柿子多有强烈的涩味。

小博士趣闻

柿子的功效

柿子中的鞣酸能与食物中的钙、锌、镁、铁等矿物质形成不能被人体吸收的化合物，使这些营养素不能被利用，故而多吃柿子易导致这些矿物质缺乏。柿子含单宁，易与铁质结合，从而妨碍人体对食物中铁质的吸收，所以贫血患者应少吃为好。

揭秘自然界的植物世界

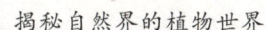

向日葵为什么有很多种子

向日葵的大花盘看起来非常漂亮，像一位笑容灿烂的太阳公公，其实它的花盘是由成百上千朵舌状花和筒状花共同组成的，舌状花就是向日葵最外面那圈金黄色的花瓣，管状花就是花盘中心那些密密麻麻的小花。无论是舌状花还是管状花，都有各自的雄蕊和雌蕊。到了秋天，向日葵的花朵盛开后，基本上每朵管状花都能结一粒葵花子，因为管状花很多，就会结出很多很多的瓜子。葵花子含有大量的蛋白质和丰富的植物油，经济价值和营养价值都很高。

朵朵葵花向太阳

很早的时候达尔文就发现向日葵总是向着太阳生长，他认为一定是向日葵植株里含有的特殊物质在起作用。之后，植物学家经研究发现这种特殊的物质就是生长素，由于向日葵花盘上的生长素分布不均匀，生长素在向光一侧的浓度很低，而背光一侧的浓度很高，这样向光一侧就生长缓慢，背光一侧就生长较快，于是植株的茎就发生了向光性弯曲。

春天的萝卜为什么会糠

在冬天或早春时节吃萝卜会感到味道甜，汁液多，这样的萝卜既能做新鲜的蔬菜又能当甜美的水果。所以在北方有些萝卜被叫做"心里美"。可是为什么到了春天，萝卜就会变糠且味道很差？萝卜在秋季播种，然后长出根和叶，根会吸收土壤中的水分和无机盐，而叶子进行光合作用制造养分，随着天气的变冷，萝卜叶子制造的养分就会贮藏在根里，根就会一天天肥大起来。等到了春天，萝卜开始抽薹开花，根里贮藏的养分就会被迅速消耗，纤维素就会增多，这样根的肉质就会变得疏松、仿佛棉絮一样。也就是所谓的"糠"。这样的萝卜缺乏水分，自然就淡然无味。

萝卜的辣味

萝卜之所以有辣味，是因为它含有一种叫做"芥子油"的物质。这种物质本身就很辣，它通常隐藏在萝卜皮肉的细胞里，当你咬破细胞壁，舌头的味觉神经碰到它的时候就会感到辣口。

小博士趣闻

揭秘自然界的植物世界

巧克力是由什么植物制成的

　　黑色的巧克力是很多人的最爱，你知道它是由什么植物的果实制成的吗？是可可树的种子。可可树是梧桐科的一种常绿乔木，其故乡在中美洲及南美洲的热带雨林，那里温度较高，水分充足，适宜可可树的生长。可可的果实里含有约40多个像蚕豆大小的种子，将种仁捣碎就可以冲成一杯很苦的饮料。可可的种子里含有50%的脂肪，20%的蛋白质，10%的淀粉，还有少量的糖和可以导致人的大脑兴奋的可可碱。可可种子经发酵干燥剩下的物质就可加工成可可粉，这就是巧克力的最主要成分。

小博士趣闻

了不起的可可花

　　可可花很小，呈白色，花柄也很细，花冠直径只有一厘米，一簇簇小白花盛开在可可树干上，可你或许想不到，就是这样纤细的小花能结出一斤重的果实。

123

小博士趣闻

杏仁霜

杏仁不能生吃，若将生杏仁进行煎煮后，则可去除杏仁的全部有毒物质，这样食用就不会中毒了。

为什么不要生吃杏仁

杏的种类有很多，果肉都很好吃，可是杏的种仁万不要生吃。原来在杏的种仁里含有一种叫做苦杏仁苷的氰苷类化合物，这种物质若遇到特殊的酶类，在合适的温度下就会发生变化。如果你不小心将它咬碎吃掉，杏仁苷和酶就会一起到胃里，遇到酸性的胃液，杏仁苷就会变成有毒的氢氰酸，会引发人中毒。中毒者轻则呼吸困难，瞳孔放大，重则昏厥、抽搐甚至死亡。所以千万不能生吃杏仁。

揭秘自然界的植物世界

为什么葡萄会爬架子

一棵小小的葡萄苗长着长着就会爬上高高的架子，渐渐把院子都遮盖起来，再长出串串葡萄煞是好看。为什么葡萄会爬架子呢？原来葡萄最早是野生的，生长在森林中，没有粗壮直立的树干，为了得到充足的阳光，只能攀援在周围的树枝上生长。葡萄真是攀岩高手，在它的枝上生长着一种卷须，这种卷须具有一种很特别的本领，会在空中旋转摆动，但是这种摆动是非常慢的，一般用肉眼看不出来，当这些卷须碰到树干或者柱子时，就会很快地卷在上面，然后缠得牢牢的。葡萄藤看起来很纤细，但就算挂上很重的东西也不会折断。

无核的葡萄干

我们平常吃的葡萄都有核，为什么葡萄干里却没有核呢？这是因为葡萄干一般都是用无核的葡萄晾干而成的。在吐鲁番地区就生产着一种无核白葡萄，将这种白葡萄成串成串地挂在木架上，再放进四面通风的晾房里晒干，就成了葡萄干。

为什么西红柿被称为"金苹果"

西红柿富含六大营养成分，其营养价值非常高。并且西红柿的外形非常惹人喜爱，它颜色红艳鲜亮，果实肉厚，汁水丰富，酸里透点甜，既是美味的蔬菜又是可口的水果。意大利人充满爱意地称西红柿为"金苹果"。西红柿中富含的维生素和无机盐能被人体迅速吸收。即使在烹饪西红柿时，维生素也不会被破坏。

小博士趣闻

西红柿——"狐狸的果子"

西红柿可谓有一段坎坷的身世，它起初是花园中的一种观赏植物，由于它的枝叶上布满茸毛，还分泌出散发怪味的汁液，人们认为它肯定有毒，都不敢接近它，更不用说吃它了，甚至还叫它"狐狸的果子"！直到许多年之后，一个叫罗伯特的美国人当众吃了西红柿，才结束了西红柿的冷遇期。

揭秘自然界的植物世界

为什么荔枝是"果中之王"

一句"日啖荔枝三百颗,不辞长作岭南人",足以表明人们对荔枝的喜爱,它不愧于"果中之王"的美誉。剥掉荔枝的皮会露出荔枝润滑无渣、光洁亮白的果肉,可谓色香味俱佳,营养极为丰富。据测查,荔枝中含糖量高达66%,蛋白质1.5%,脂肪1.4%,每毫升果汁中维生素C最高含量达60毫克,比橘子、柠檬的含量都要高。并且还含有钙、磷、铁、维生素B等。

荔枝的用途

荔枝果是名贵的出口商品,荔枝树木材坚实、纹理细致,可制成家具。荔枝的果壳和果核可做药材,核仁可加工成淀粉供工业用。

小博士趣闻

为什么哈密瓜特别甜

在我国新疆哈密及吐鲁番盆地一带,生产着一种汁液甘甜、果肉鲜嫩的水果——哈密瓜。为什么哈密瓜会特别甜?这是因为哈密瓜生长在夏季,白天温度很高,最高可达40℃以上,但到了晚上,气温就会很快降下来,恰恰哈密瓜非常喜爱这种昼夜温差大,且雨水少的天气。在这样的环境中,哈密瓜在白天充足的阳光沐浴之下加强光合作用,这样就使它加快制造养分。然后哈密瓜会把这些养分转化成糖分储存在果实里。等到夜晚来临,由于气温较低,就会减少哈密瓜对养分的消耗,这样就利于糖分的积累。于是哈密瓜就含有很高的糖分,吃起来自然香甜可口。

揭秘自然界的植物世界

为什么公园里的碧桃只开花不结桃

在一些公园里种着许多供欣赏的桃树，当春天来临，桃花盛开，色彩纷呈。它们开了花却不结桃子，这是为什么呢？原来这种桃树和结果实的桃树不一样，它们有个新的名字叫"碧桃"，是专门开花供欣赏用的，一般结果实的桃树所盛开的花，每朵花只有五个花瓣；而碧桃开的花，每朵花却有7~8个花瓣，甚至10几个花瓣，所以它的花叫"重瓣花"。这些花只有雄蕊，没有雌蕊，所以只开花不结果。

碧桃春季催花法

12月中上旬，在碧桃的生长季节，将其叶子全部摘除，摘除时只保留叶柄，可以使其提前进入休眠期。如果气温低，天气寒冷，可一次将叶片全部摘完；若气温高，可先摘去一半，待10~15天后，再摘除另一半。如此一来，便可催花。

小博士趣闻

猕猴桃营养成分知多少

猕猴桃吃起来酸甜可口，味香且多汁，营养价值极高。虽然它长相一点也不出众，却是"水果之王"。猕猴桃的果肉里含有大量的维生素C，几乎每100克的果肉中含100~420毫克维生素C，比苹果高二十多倍，比甜橙高一倍多，几乎超过了所有的水果。另外，猕猴桃中还含有丰富的糖类物质、蛋白质、氨基酸等多种人体所需的矿物质和有机物。猕猴桃是水果中营养成分最丰富的水果。

"奇异的果子"

猕猴桃也叫奇异果，原产于中国湖北宜昌市夷陵区雾渡河镇。猕猴桃的果肉柔软，味道鲜美，所以猕猴喜食，故名猕猴桃；亦有说法是因为果皮覆毛，貌似猕猴而得名。

揭秘自然界的植物世界

果实成熟后为什么会从树上掉下来

在果园中，我们常常会看到一些熟透的果实由于果农没有及时采摘而自动掉落下来，这是为什么呢？是因为果柄太细，承受不了果实的重量吗？其实不是这样的，而是因为果实只有落到地上，才能生根发芽，长出新的果实来。所以，为了繁衍后代，果实成熟后，果柄上的细胞就会衰老，并在果柄与树枝相连处形成离层，这个离层犹如一道屏障，能够阻断果树对果实的营养供给。于是在地心引力的作用下，成熟的果实就会从树上落下来。

梨为何要与其他水果分开存储

有些水果会释放出乙烯，这是一种无色无味的气体，叫做果实催熟剂，可以加速水果成熟，还会使水果老化，非常不利于水果储存，释放乙烯最多的水果是梨，所以在存放水果时，最好将梨与其他水果分开存储。

小博士趣闻

神秘果实为什么能改变味觉呢

神秘果实为什么能改变味觉呢？科学家对这种果实进行了详细的化学分析，并从中分离出了一种能改变食物味道的糖蛋白。这种物质本身并不甜，可是它的溶液能对舌头上的味蕾感受器发生作用。原来，我们舌头上有很多味蕾，能分别感觉酸、甜、苦、辣、咸等味道。吃了神秘果以后，舌头上的味蕾感受器的功能暂时被那种糖蛋白扰乱了，对酸味敏感的味蕾感受器暂时被麻痹、抑制了，而对甜味敏感的味蕾感受器却兴奋、活跃起来。我们知道，无论哪种酸味的水果，总是含有一些果糖，只是因为酸性成分大于甜性成分，所以，我们感觉到的只是酸味，而无甜味。可是，吃了神秘果以后情况就变了，它使你感觉出甜味而感觉不出酸味。但是，这种糖蛋白的作用并不是永久性的，少则半小时，多至两小时，过了这段时间以后就会失效。糖蛋白的作用并不能改变食物本身的酸味，只能改变舌头对味觉的感知。

揭秘自然界的植物世界

为什么珙桐又叫鸽子树

珙桐堪称外形完美的植物。尤其是在每年的四五月份，珙桐花在枝头朵朵盛开，极其漂亮。它的花由多个雄花和一朵两性花构成，呈紫红色，远远看去像"鸽头"一样，每个花序的基部都生长着一对很大的苞片，分布在花序左右。一般大的苞片长约9厘米，宽约4厘米。花朵初开时，呈青绿色，以后会慢慢变成乳白色，就像鸽子的翅膀。当山风阵阵吹来，就仿佛是无数只美丽的白鸽在枝头挥舞着翅膀，欲振翅飞翔。所以，珙桐树又被称为鸽子树。

珙桐树

珙桐树的叶子浓密，有些像桑叶，边缘处长有尖刺，背面有茸毛。树干笔直，树皮呈灰褐色，枝条向上倾斜，就像一个巨大的鸽子笼。

小博士趣闻

桑树为什么不见开花就结果实

俗话说"有花才有果",可是为什么桑树不见开花,就能结出美味可口的紫红色的桑葚果呢?桑树没有花吗?不是的。自然界中是没有不开花就能结出果实的植物的,因为果实总由花的部分形成或者包括花的部分,那么桑树肯定是开了花后才结果的。只是它的花非常小,颜色也不耀眼,根本不能引起人们的注意,所以人们才认为桑树不开花就结果。桑树的花分雌花和雄花,分别生长在不同的植株上。雌花在受精后,子房发育成一个个小果子,许许多多的小果子聚合在一起,就成为桑果。这种果实就叫复花果。

小博士趣闻

桑葚的药用价值

桑葚有很高的滋补价值,含有丰富的维生素C和糖分,可食用也可做中药,并且桑果还可酿酒。

● 揭秘自然界的植物世界

为什么香菜会有香味

香菜是人们最熟悉不过的提味蔬菜，北方一带人俗称"芫荽"。其叶状似芹，且嫩小，茎纤细，味郁香，是汤饮中极佳的作料。有"满天星"、"盐熟菜"、"盐晒"、"银须香菜"之称，最早叫"胡荽"。香菜之所以会有一种香味，是因为香菜内含有一种复杂的挥发油，我们吃的茎叶中的挥发油成分包括壬烷、癸烷、苯乙醛、十一烷、癸醛、环癸烷、十一醛、十三醛、十四醛等。香菜属耐寒性蔬菜，喜低温和长日照。中医认为香菜性温味甘，能健胃消食，发汗透疹，利尿通便，驱风解毒。

水稻浸在水里为何不会烂

大家知道水稻生活在南方浅水里，它的故乡环境潮湿又温暖。时间一长，水稻慢慢就形成了喜水的品性。水稻的根就是嘴巴，它喝足了水，就会将水分从叶子里放出来，于是它不断地喝水也不断地放水，这样一来，其实身体中并没有保存太多的水分。所以水稻具有很强的耐水的本领，它的根浸在水里，不会烂掉。水稻根部有一种酶会将水稻呼吸产生的酒精分解，从而使水稻不会中毒。而其他作物缺少这种酶，因此会中毒死亡，而烂根只是中毒的一种表现。

小博士趣闻

水稻也怕涝

水稻也需要呼吸，以有氧呼吸为主，在水稻体内有发达的通气组织，它的叶片可以吸收空气中的氧气以及光合作用中释放出来的氧气，通过叶鞘和茎秆的通气组织输送到根系，供根系呼吸。若根部生命活动微弱，分泌氧气很少，就会形成老黄根，若有硫化物存在，还会使根系中毒，形成黑根，所以如果长期淹水缺氧，水稻就会遭受涝灾，使黑根增多，产生烂秧。

揭秘自然界的植物世界

秧苗移栽为何有先落黄后反青的过程

眼下正值秧苗移栽期,为了增长农业科普知识,小明常跟着叔叔到秧田参观。这时,小明突然叫起来:"叔叔,前几天移栽的秧苗都病了,你看都发黄了!"叔叔听后笑了起来,并向小明解释道:"水稻栽插后由于根系受到很大的损伤,部分叶片也会受到损伤,根系吸收水肥的能力就会下降,叶片就会落黄。但是,因为水稻根系的生长有强烈的补偿效应,即折断一个根,就会在断裂处长出许多根,所以水稻可以移栽(有些作物根生长的补偿效应差,这些作物就不能移栽)。新根长出后,吸收能力增强,从而逐渐反青。"

孩子最感兴趣的十万个为什么

油菜籽"十成熟七成收,七成熟十成收"

由于油菜的角果非常容易开裂,种子很容易散失,所以在收获时要熟一块,收一块。一般在终花后25~30天可收获,此时,植株的角果呈枇杷黄,籽开始变成棕褐色,但角果还没有开裂。

油菜开花时为什么要放蜂

尽收眼底的油菜花似乎预示着一场大丰收,殊不知油菜开花虽多,产量却很低。人们往往在油菜开花时放蜂以增加产量,这是为什么呢?

因为油菜是异花传粉作物,若只靠自然传粉,结实率是非常有限的,那么它们就必须请昆虫来帮忙。在所有的昆虫中,蜜蜂是效率最高、传粉效果最好的昆虫。油菜花的蜜腺能够分泌出十分香甜的蜜汁,这可是勤劳蜜蜂的绝佳粮食,所以蜜蜂也对油菜花非常喜爱,很乐意前来帮忙。在我国南方,每当油菜花盛开,农民们就会放出一群群的蜜蜂来进行传粉,使油菜大大增产。

揭秘自然界的植物世界

蓖麻籽能吃吗

蓖麻长着宽大的叶子，还可以结出硕大的蓖麻籽。它的籽可要比黄豆大很多，而且豆子上还长着美丽的花纹，样子很好看。可是，这么漂亮的果实却不能吃，这是为什么呢？蓖麻籽俗称大麻子、草麻、红麻。它内含蓖麻毒素和蓖麻碱两种有毒物质，其中蓖麻毒素的毒性极强，有些人因不了解其毒性而误食，以致中毒。蓖麻籽所含的毒性物质进入人体后，可损害肝脏、肾脏等器官，引起急性中毒性肝病、肾病、出血性肠炎、小血管栓塞等；也可抑制呼吸及血管运动中枢，最后导致呼吸衰竭而死亡。

小博士趣闻

蓖麻籽的用途

蓖麻籽虽不能吃，但用途很广，其润滑油可用于航空工业中，也可入药，同时也是纺织印染的好原料。

孩子最感兴趣的十万个为什么

小博士趣闻

大豆根上的"小瘤子"

仔细观察会发现,大豆根上都长有小瘤子,别看它样子很丑,却是大豆的好友,这些小瘤子叫根瘤菌,专门为大豆生产氮肥。因为大豆生长需氮肥,尽管空气中有很多氮,但大豆却无法直接利用,而根瘤菌恰恰能把空气中的氮变成大豆生长所需的氮肥,于是,大豆为根瘤菌提供营养,根瘤菌为大豆制造氮肥。这就是植物与微生物的共生关系。

大豆为什么被称为"豆中之王"

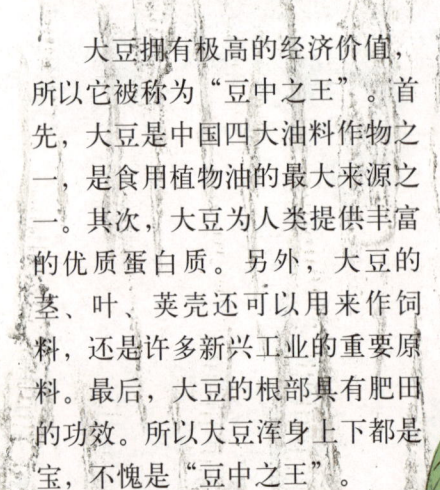

大豆拥有极高的经济价值,所以它被称为"豆中之王"。首先,大豆是中国四大油料作物之一,是食用植物油的最大来源之一。其次,大豆为人类提供丰富的优质蛋白质。另外,大豆的茎、叶、荚壳还可以用来作饲料,还是许多新兴工业的重要原料。最后,大豆的根部具有肥田的功效。所以大豆浑身上下都是宝,不愧是"豆中之王"。

揭秘自然界的植物世界

棉花的花朵五彩缤纷

棉花有一特殊的习性：花瓣会变色。这是因为它的花瓣里含有多种色素，这些色素会随日光照射强度及温度的变化而发生变化。

小博士趣闻

棉花是花吗

每年的九十月，雪白的棉花就会满挂枝头，煞是好看。于是小朋友就会赞叹：棉花的花朵真好看！其实，洁白的棉花并不是棉花的花朵，而是长在棉籽上的茸毛，称作棉絮。棉絮是一种植物纤维，可用来纺纱织布，是人类制衣或其他用品的原材料之一。那么棉花有花吗？它的花又是怎样的呢？棉花真正的"花"在夏季开放，它的花有很多种颜色，甚至还可以变色，非常漂亮。清晨初开显白色，下午就变为粉红色，等到晚上就成了紫色！当凋谢后，棉枝上就会结出一个个棉桃，棉桃里有一些棉籽，白色的茸毛就从棉籽表皮中长出，充盈棉桃内部。九十月，棉桃成熟就裂开嘴巴，露出洁白的棉花来。

橄榄油是用橄榄榨出来的吗

橄榄油享有"品质最佳植物油"的盛名。很多人都以为橄榄油是用橄榄榨出来的,其实橄榄油是由一种专门的油科植物——油橄榄榨取的。而橄榄的果实和种子虽也可以榨油,但其含量和品质远远不及油橄榄。油橄榄因为它的果实能产油并且形状又似橄榄而得名,是一种常绿树木。它的故乡在地中海一带,是意大利、西班牙等国家的重要油料作物。用油橄榄的果实榨出来的油富含多种维生素,营养非常丰富,易被人体吸收,是最接近母乳的一种植物油。

揭秘自然界的植物世界

赤霉素的"大小年"

种子里的赤霉素也会影响结果,大年时种子多,赤霉素输送到树上,就会减少花芽的数量,第二年结果就少。小年时,结果少,种子就少,赤霉素也少,花芽就多,结的果子就多,就成第二年的大年。

为什么果树有"大小年"

果树的果实今年产量高,明年产量低,这就是果树的"大小年"。那么果树为什么会有"大小年"呢?当果子挂满枝头时,果树里的营养就会大量地运输、储存在果实里,树枝和花芽的生长就会受到影响。第二年由于花芽的数量减少,花就会少开,果子自然结得少,也就是果树生产的小年了。在小年里,果树的营养由于没有消耗在果实上,这样就积累在身体里,树枝就会有足够的养料供应,生长得茁壮,花芽就会又多又饱满。于是小年之后又是大年了。

孩子最感兴趣的十万个为什么

为什么大蒜能抑菌

汉代张骞将大蒜从遥远的中亚带到中国，于是大蒜成为人们欢迎的调味品。大蒜能够杀菌、防菌、治病，人所共知。那么大蒜为什么有如此功效呢？这是因为大蒜体内有种叫做大蒜素的物质，它是一种植物抑菌素，能够杀菌和抑菌。多数可怕的细菌和真菌在大蒜素面前就要老老实实地投降。若要进行口腔消毒，嚼大蒜无疑是最好的口腔消毒法，有人会怕吃了大蒜后口腔中有浓重的蒜味，不要担心，喝杯茶水或嚼片茶叶，气味就会消散了。当然大蒜也不宜多吃，否则肠胃受不了。

生吃大蒜抑菌效果好

大蒜加热后，大蒜素就会被破坏，所以大蒜生吃才能有好的抑菌效果。并且大蒜素非常不稳定，不能与碱性的物质放在一起，否则，大蒜素就会变质。

小博士趣闻

● 揭秘自然界的植物世界

黄花菜是花还是菜

　　黄花菜的花呈黄色，非常漂亮。我们吃的就是它的花。黄花菜也叫金针菜，它与一般蔬菜有些不同，通常情况下，人们会在黄花菜的花蕾未开时就将它采摘下来，若花开了再摘，就会影响黄花菜的质量，于是我们食用黄花菜时就看不到花瓣。另外，在黄花菜底部有一个硬硬的梗，那就是它的花柄，采摘后的花蕾要及时蒸制，使花蕾由黄绿色变成淡黄色，再摊开晒干，约两三天，黄花菜就制好了。黄花菜味道鲜美，营养丰富。

小博士趣闻

黄花菜晒干后才能吃

　　新摘下来的黄花菜里含有对人体有害的物质，我们平常所吃的黄花菜，是在黄花菜花苞开之前采摘下来的，要用高温蒸上几分钟，将黄花菜中对人体有害的生物碱去除，再晒干制成。若没有经过蒸汽蒸过，直接食用就会引起食物中毒。

● 孩子最感兴趣的十万个为什么 ●

为什么龙眼又叫桂圆

龙眼和桂圆是同一种果实吗？为什么龙眼又叫桂圆呢？原来龙眼是我国南方的特产，福建产量最高。它的果实洁白透明，味甜爽口，是一种很珍贵的食品。因为龙眼总是在八月桂花飘香的季节成熟，而八月在过去往往被称作是桂月，再加上它的果实又呈圆形，所以它也被称为"桂圆"。

上好木材龙眼树

龙眼树的木纹非常坚固耐用，它的纹理细致优美，可用来雕刻工艺品。也可用来制作名贵的木器、建筑等。

揭秘自然界的植物世界

为什么佛手瓜的瓜不能和种子分开

佛手瓜模样很可爱，上小下大，顶部好多条沟纹向底部凹陷，像一只握着的拳头。佛手瓜有三怪：第一，种植佛手瓜必须将整个瓜埋在土里；第二，佛手瓜成熟后必须立即采摘，否则种子就会迅速萌发，小芽就会从瓜里冒出；第三，佛手瓜先长叶，后生根。佛手瓜为何这样奇怪呢？原来在佛手瓜的体内有一个种子，种子成熟时会占据整个子房腔，种子皮和果肉紧贴，并且它的种子皮多汁，若使劲将果肉和种子分开，种子直接播撒在地里会很快烂掉。所以种植佛手瓜必须将整个瓜埋在地下。

胎生的佛手瓜

佛手瓜故乡在美洲热带地区，既是主要的蔬菜又是好的粮食作物。它的种子不离开瓜体，就能冒出芽来，它主要依靠瓜体的营养，在果实中萌发幼苗，是植物界中的胎生植物。

为什么花生地上开花却地下结果

花生真是奇怪的植物，它在地上开花，却在地下结果！这是为什么呢？原来花生的受精与胚胎和别的植物大不一样，它的花药在开花前一两个小时就自动裂开，花粉落到柱头上完成受精，然后花慢慢凋谢，绿色的子房柄则开始生长延伸，长成针状，叫做果针。果针在生长的过程中会渐渐向地下延伸，直至插入土中。随后，整个子房都会钻入土中，当土壤的温度、水分适宜时，子房就会开始长大。同时原来的花柄会提供给很多营养，子房就用这些营养物质合成脂肪、蛋白质等，然后慢慢长大，长成我们喜爱的花生。

花生又叫"落花生"

花生跟其他植物不同，一般植物喜欢开出艳丽的花朵，经人工或昆虫传粉、受精结果，而花生则在开花受精后，子房需在无光的条件下落到黑暗的地里去暗暗生长结果，所以又叫"落花生"。

揭秘自然界的植物世界

油瓜为什么在晚上开花

油瓜生长在我国南方森林中，是一种野生藤本植物。因为它的种子含油量非常丰富，人们给它取名"油瓜"。又因它油色味道似猪油，所以又叫"猪油果"。它的大小和西瓜、南瓜差不多，但种子却要大很多，有鸭蛋大小。它在开花结果后仍会继续生长，是多年生常绿木质藤本植物。油瓜总在晚上开花，并且一到晚上7~10点，它的花蕾就会慢慢松裂，然后花瓣会在瞬间弹裂出来。花冠裂片边缘的丝状体也会立即散开垂下，等到第二天白天，别的植物开花时，它却凋谢了。

小博士趣闻

油瓜的繁殖方式

油瓜晚上开出洁白美丽的花是对环境适应的结果。它一般靠夜间活动的蛾子来传粉，帮助它繁殖后代。

漆树里的漆是从哪里流出来的

人们用来保护家具所使用的一种生漆是从漆树中割取的。生漆耐碱、耐酸、耐高温,并能防止其他化学药品的腐蚀。所以生漆是一种很好的防腐、防锈涂料。生漆是漆树上分泌的一种乳白色胶状液体,在漆树的树干里,分布着许多小管道,里面充满了内含物,若把树皮割开,漆液道里就会流出乳白色汁液,漆液与空气接触后氧化,表面会渐渐变成栗褐色,最后变成黑色,并渐渐变稠。

漆的怪脾气

漆不能在干燥的大气中干燥和硬化,更不能用加热的方法促使加速干燥和硬化,因为氧化作用,其只能在湿润的大气中加以干燥和硬化。

揭秘自然界的植物世界

皂荚树的荚果为什么可以洗衣

皂荚树在秋天会结出像弯弯月亮一样的荚果，很早以前人们就用它来洗衣服，那么为什么它可以洗衣呢？原来在皂荚的夹皮里含有10%的皂角，它的作用类似于肥皂，也叫皂素，50千克的皂荚中会有净皂素5千克。这种皂素可以形成胶体溶液，并能像肥皂一样产生泡沫，可以去除衣物上的脏东西，以达到清洁的目的。

小博士趣闻

皂荚树的功能

皂荚树木材很坚实，是很好的家具原材料。它的刺、叶、荚、树皮、根皮都可作中药，荚还可做燃料。

151

剑麻的花梗上为什么会长许多小植物

剑麻是一种优良的纤维植物，它耐摩擦、耐浸、弹性大、拉力强。并且在咸水中不容易腐烂，是制造航海缆索的优良原料，还能与棉毛混纺成布料。剑麻生长7年左右，会从叶丛中央慢慢地长出一根又长又粗的花茎，上面还会开出一簇簇的花，在花凋谢后，花梗上就会长出数不清的绿色的东西，细细一看，竟是一株株小剑麻，这是怎么回事？原来剑麻开花后就会死亡，靠无性繁殖后代，它的地下走茎可以长出很多吸芽，并且在花梗上又可长出成千上百个珠芽来，珠芽是在花凋谢后，从小花梗的腋部长出来的芽，那些小植物就是由珠芽长成的。

剑麻的珠芽

由于剑麻会生出许多珠芽，这给人类栽培剑麻带来很大方便，只要及时摇动花茎，利用落地的成熟的珠芽就可得到大量的种苗，在苗圃中培育一年后，就能进行大田定植。

为什么唐菖蒲是"监测环境的小哨兵"

唐菖蒲是鸢尾科植物家庭的著名花卉，故乡在非洲南部，红黄色、白色或淡红色的花开在亭亭玉立的穗状花序上，鲜艳夺目，美丽可人。然而，唐菖蒲的闻名并不因为它的美丽。20世纪60年代，环境科学崛起，环境学者们发现，唐菖蒲对空气污染非常敏感，当空气中氟化物达到一定浓度时，叶片就会因吸收氟表现出伤斑、坏死等现象，向人们发出污染"报警"的信号。人们经进一步研究发现，唐菖蒲的"报警"本领很是惊人，远远超过了人类本身的感觉能力。科学家们将唐菖蒲置于浓度很低的氟化氢下，几小时至几天后，唐菖蒲叶片就出现了受害反应，而人类却完全不能嗅出。所以人们说唐菖蒲是"监测环境的小哨兵"。

水仙为什么只喝水就能开花

多数植物都需要从土壤中吸取养料，而水仙则不同，它可以完全在只喝水的情况下就开出美丽的花朵。这是为什么呢？原来水仙的根部长着一种茎叫做鳞茎。在这种鳞茎里存储着它自带的营养，它完全可以自给自足，根本不需要外部供给，所以它只靠喝水就能开花。人们在最初培育水仙种子时，通常把鳞茎种在沃土里，使它充分地吸收营养，然后再将其从土中掘出来，晾干后营养很好地保存在鳞茎里。这样我们可以直接将鳞茎放在清水中，它就可以在水中发芽、出叶、开花。

延长水仙花期

当水仙花全部盛开时，将少量食盐放入盆中，能使花期延长。切忌在水仙含苞待放时就放盐，否则反而会抑制花蕾开放。

● 揭秘自然界的植物世界

为什么龙舌兰受蝙蝠的喜爱

龙舌兰是靠蝙蝠传粉的。除了龙舌兰外还有一些植物也是靠蝙蝠传粉，这类植物被植物学家称为"蝠爱植物"。为什么它们会受到蝙蝠的喜爱呢？原来在晚上，这些蝠爱植物开花，花朵是白色或淡淡的颜色，并会散发出麝香似的香味，在这种香气中含有一种物质叫丁酸，而蝙蝠身上的麝香气味中也同样含有这种丁酸。所以人们揣测，就是这种气味把蝙蝠吸引到花丛中去的。而且龙舌兰的一个大花序即可提取一小杯的花蜜，这是蝙蝠极其喜爱的食物，并且花粉中蛋白质的含量高达40%。无论是龙舌兰花朵的香味，还是开花的时间都适应了蝙蝠，所以龙舌兰深受蝙蝠的喜爱。

小博士趣闻

龙舌兰如何传播花粉

龙舌兰的花药非常突出，当蝙蝠把头钻进花冠里吸蜜时，头上就会沾满花粉，这样当它飞到另一朵花上时，这些花粉就会粘在雌蕊的柱头上。

夹竹桃为什么给肉蝇设陷阱

夹竹桃也会捕食昆虫吗？不，夹竹桃从不伤害被捕获的小昆虫，并且它不吃被困死的小虫子，这是因为夹竹桃对传粉的小昆虫很挑剔，它只选择那些有细吸器的昆虫来采蜜授粉，而遇到那些像肉蝇一样的粗吸器的昆虫就会将其困死。所以夹竹桃常常给肉蝇设置陷阱。这跟它的花朵的结果有很大关系，夹竹桃的花中有5枚花药，柱头顶端呈收缩的样子，表面上还有一层分泌出的透明液，这种黏液会粘在花药的顶端，这样就会使花药之间形成上窄下宽的缝隙，肉蝇的吸器就会通过这窄窄的缝隙深入到藏着甜美花蜜的蜜腺室里去吸蜜，然后黏液会将花药紧紧粘住，并十分牢固，肉蝇此时拔不出吸器，就会被困死在花药里。

分泌黏液的花药

与夹竹桃类似，凌霄花、虎刺梅等植物，它们的花中也会分泌出黏液，它们捕虫都不是为了吃掉，而是不让这些昆虫打扰它们的花序正常开花、结果。

● 揭秘自然界的植物世界 ●

为什么桂叶黄梅被称为"米老鼠树"

　　桂叶黄梅又叫米老鼠树。它是一种常绿灌木或是小乔木。为什么叫它"米老鼠树"呢？原来待它花朵授粉后，完成传宗接代的任务以及结出果实就会呈现出可爱的米老鼠状。不过它在花开阶段是看不出米老鼠样的，它的花与梅花非常相似，有五片黄色的花瓣，当授粉结束，黄色的花瓣就会飘落，不过花瓣下方的花萼和雄蕊仍会坚持停留，并且还会渐渐变成红色，此时就有点像米老鼠的红色大脸及脸上的胡须了。再加上由雌蕊的子房发育而来的变黑的成熟果实，整个造型看起来完全是有着红脸蛋、红耳朵、红胡须、黑黑鼻子的米老鼠，有趣极了。

桂叶黄梅的形态特征

　　桂叶黄梅的开花期为夏至秋天。叶片互生，呈长椭圆形状，叶端有针状突尖，叶缘疏锯齿状，厚革质叶片很像桂叶。

小博士趣闻

157

什么植物的花像龙虾

龙虾花，一种最古老的花，是凤仙科多年生草本植物，是主要生长于张家界的独特品种。在夏成苗，秋开花，龙虾花的颜色丰富，有如珊瑚的鲜红色；有如琥珀的金黄色；有如紫葡萄的紫色。开花时单苞独放的叫"独虾花"，有两个花苞的叫"对虾花"。"虾头"上有两根卷卷的须和一对"小眼睛"，"虾身"有一条一条的花纹和一对小钳子，像极了活泼的大龙虾。龙虾花性喜温暖湿润的环境，需要生存在偏酸性的土壤中，龙虾花较耐阴，花期较长。

张家界的活化石

传说漫步金鞭溪的时候，总能见到溪边水草丛中的龙虾花。龙虾花形似龙虾，粉色，叶子方形，生长在溪水边，它的茎晶莹剔透，花期四季常春。具考证，此花只生长在张家界的溪涧，被喻称为张家界的活化石。

为什么文竹又被称为"山草"

文竹，意为"文雅的竹子"，因为它全株就是好似一丛竹子的缩影。其实，它与竹子风马牛不相及。竹子是禾本科中的特殊种类，文竹则与百合、吊兰、郁金香是同宗，都属于百合科。其嫩茎纤细而平滑，分枝甚多。小枝翠绿色，往往被人们误认为是叶子。其实它真正的叶呈细小的鳞片状，主茎上还有刺状的变态叶。由于两种叶都不能进行光合作用，制造有机养料的功能便由嫩绿色的小枝来担负。夜晚，文竹的身影颇有那苍翠的劲松的气势，所以又称"山草"。

文竹为何要经常修剪

文竹经常修剪才好看，是因为文竹顶端喜好往上长，当顶端枝叶旺盛地伸长时，同时能产生一种激素，抑制侧枝的生长。把顶端枝剪掉后，对侧枝的抑制作用也就没有了。文竹放于家中，晚间能吸收二氧化硫等有害气体，并且分泌一种能杀死细菌的气体，对预防感冒也有一定的帮助。

孩子最感兴趣的十万个为什么

圣诞花的"花"究竟是哪部分

圣诞花也被称作"叶子花",许多人以为圣诞花被欣赏的是它的花,其实那只是它的叶子。在每年的12月,圣诞花就会长出红彤彤的叶子,簇拥在枝头,自然形成花朵的形状,很漂亮。人们很容易把其当成美丽的花朵。其实圣诞花有真正的花朵,它们往往藏在那些红色叶子中间,默默地开出鹅黄色的小花,由于它们太小,颜色也淡,所以一点儿也不起眼,反而是它的叶子呈现出漂亮的大红色或其他艳丽的色彩,显得美丽、热烈,比它真正的花朵要漂亮得多。

圣诞花是如何传播花粉的

圣诞花是虫媒花,由于它真正的花很小,颜色也淡,无法将昆虫吸引来为其传粉,这样一来它的叶子就要变态,呈现鲜艳的红色,如此就可吸引小昆虫为它传授花粉。

小博士趣闻

● 揭秘自然界的植物世界

三色堇为什么能够预报气温

三色堇是欧洲常见的一种野花，为喜光园艺植物，比较适宜露天栽种，不适合种于室内。因为室内光线不够充足，会导致三色堇生长迟缓，枝叶稀疏，无法开花。由于它能开出蓝、黄、白三色的花，所以被称为"三色堇"。三色堇在瑞典南部被称为"气温草"，莫非它真的能像温度计一样能测量出温度的高低？原来三色堇的叶片对气温反应非常敏感，当温度在20℃以上时，叶片会向斜上方伸出；当温度降到15℃时，叶片则会慢慢向下移动，直到与地面平行为止；若温度降到了10℃，它的叶片就向斜下方伸出。倘若温度回升，它的叶片就会恢复到原状。所以当地的居民完全可以根据它叶片的伸展方向，来判定温度的高低。

奇妙的"风雨花"

"风雨花"生长于西双版纳。之所以奇妙是因为它能用大量的花朵来预报暴风雨的到来，当暴风雨来临前，外界的大气压降低，天气极度闷热，植物的蒸腾作用就会增大，会促使风雨花贮存养料的鳞茎产生大量促生花的激素，这样它就会开出许多的花朵来。

小博士趣闻

161

紫茉莉为什么又被称为"懒老婆"

紫茉莉是一种枝叶茁壮的多年生草本植物，原产于美洲热带，生命力非常强，是繁殖能力极强的野花。它的花期很长，能从春天一直开到秋天，并且它的花很特别，因易变著称。它有一个名字叫"懒老婆"，是因为这种花在每天四点左右，人们做晚饭的时候才开花，开花如此晚，就像一位不愿下地干活、不愿做饭、懒惰拖沓的即将出工的老婆一样，故人们称之"懒老婆"。此外，由于它的这种习性，它还有另一个名字"四点钟"，即指它在傍晚时分开放，第二天早晨凋谢。在林清玄的小品文《紫茉莉》中，还亲切地叫它"煮饭花"。

胭脂花

紫茉莉还有个名字叫"胭脂花"，它会在淡淡的暮色中散发出若有似无的香气。待它的种子成熟后为黑色，形似小地雷，所以又叫"地雷花"。采取成熟种子若干，研成粉末，去皮后取粉搽脸，可除面斑等，有美容功效。《红楼梦》中贾宝玉就常常用紫茉莉来研制胭脂。

揭秘自然界的植物世界

日本珊瑚树为什么可以做防火树

防火树是指具有良好的隔热性能和耐热性能的树种，包括海桐、珊瑚树、冬青、女贞，杨梅、楠木等。

珊瑚树之所以可以做防火树，原因有二：一是因为它的隔热性能好，它本身的结构里含有很多的水分，遇到高温，它便加速蒸腾作用（植物体内的水分蒸发出来），蒸腾作用过程中带走了大量的热量，从而起到降温隔热的作业；二是因为它的耐热性能好，能有效阻止火势蔓延，从而达到防火的目的。

不怕火的梓柯树

小博士趣闻

梓柯树生长在非洲安哥拉西部，它不但不怕火，还自带"灭火器"。梓柯树长的较为怪异，在它枝繁叶茂的树叶从中就躲藏着它的"灭火器"，它们一个个都像馒头一样，不计其数，并且在里面还遍布着一堆密密麻麻的网状小孔，小孔里盛满了透明的液体。这些"灭火器"就叫"节苞"，一旦节苞遇到火光或是阳光，它里面的透明液体就会通过那些网状的小细孔喷射出来，故梓柯树不但不怕火，还能灭火。

163

日本珊瑚树的形态特征有哪些

日本珊瑚树为常绿灌木或小乔木，高10米左右。树皮灰褐色。具圆形皮孔，单叶对生，厚革质，长椭圆形或矩圆形，先端渐尖或钝，全缘或近先端有波状钝锯齿，表面深绿色，有光泽，叶背灰绿色，叶柄锈褐色。5~6月开花，圆锥花序顶生，花白色芳香。10月后椭圆形核果成熟，红色。珊瑚终年浓绿，枝叶繁密，富含水分，耐火力强，秋后果实鲜红，江南城市及园林中普遍栽作绿篱和绿墙，也作基础栽植或丛植装饰墙角；也可修剪成大型球形。